SPSSでやさしく学ぶ
統計解析
[第7版]

石村　友二郎 著
石村　貞夫 監修

東京図書株式会社

ま え が き

この本の特徴は

クリックひとつで，統計解析を楽しく学ぶ！

という点にあります．

でも……

統計解析は難しい！

というお話をよく耳にしますね．

確かに，統計解析の本を読むと，文字の入った数式や
見慣れないギリシャ文字がどっさり出てきて
数学が苦手な人にとっては，ピンとこない部分もあります．

ところが，この本の統計解析では，

SPSS の統計解析用ソフト

を使いますから，
数式を気にしないで，先に進むことができます．

統計解析を学ぶ大切なポイントは

自分にとって興味のあるデータを分析してみる！

ということです．

自分にとって興味があれば，計算の内容はよくわからなくても，

出力結果を眺めているだけで，なんとなくナットク‼

できるものです．

この本には，

難しい数式の計算はありません！

もちろん，統計解析では，平均や分散といった統計量の計算が中心になりますが
そのような計算は，すべて SPSS に任せましょう．

とりあえず，興味のあるデータが集まったら

データを SPSS に入力し，あとはその出力を眺めるだけ！

統計解析の中心は，推定・検定という 2 つの手法ですが

- **推定には区間推定の計算を SPSS で！**
- **検定には検定統計量の計算を SPSS で！**

と気楽に考えれば，いつの間にか分析は完了します．

クリックひとつの SPSS で

わかってナットク！

統計解析の旅へ　いざ出発‼

謝辞　東京図書編集部の河原典子さんに深く感謝いたします．

最後に，この本を作るきっかけとなった鶴見大学歯学部の岡淳子さんに
深く感謝いたします．

2021 年 12 月 29 日

著　　者

◆本書で使用しているデータや 15 章の解答は，東京図書のホームページ（http://www. tokyo-tosho. co. jp/）からダウンロードすることができます.

◆本書は IBM SPSS Statistics 28 を使用しました.
SPSS のバージョンによっては，画面上のメニューや表記など一部異なるところがあります.
SPSS 製品に関する問い合わせ先：
〒103-8510　東京都中央区日本橋箱崎町 19-21
日本アイ・ビー・エム株式会社　クラウド事業本部 SPSS 営業部
Tel. 03-5643-5500　Fax. 03-3662-7461　URL https://www.ibm.com/jp-ja/analytics/spss-statistics-software

もくじ

第3章　いろいろなグラフの描き方・作り方

第4章　度数分布表とヒストグラムの作成

第5章　基礎統計量って，平均値のこと？

第6章　２変数データには相関係数を！

第7章　予測に役立つ回帰直線?!

第8章 標準正規分布の数表の作り方

第9章 カイ2乗分布・t 分布・F 分布の数表

第10章 パラメータの推定は探索的に!!

第11章 パラメータの検定は仮説をたてて！

第12章 クロス集計はアンケートの後で！

分析を始める前に……

データは，次のように分類することができます．

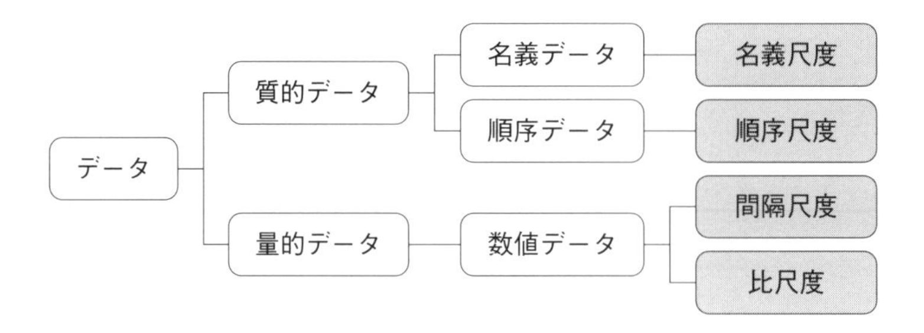

データの尺度には，次のような性質があります．

SPSS では，変数ビューで設定します．

名義尺度	他と区別するためにつけられる数値	→	名義
順序尺度	大小関係に意味のある数値	→	順序
間隔尺度	差をとることに意味のある数値	→	スケール
比尺度	比をとることができる数値	→	スケール

SPSS では
このように表します

◆装幀　今垣知沙子

◆本文イラスト　石村多賀子

SPSS でやさしく学ぶ統計解析

［第 7 版］

1章 データを入力してみませんか？

Section 1.1 データを入力しましょう

次の表 1.1 は 25 人の医師のフェイスシートです．

このデータを，SPSS のデータファイルに入力します．

表 1.1　医師のフェイスシート

No.	医　師	出身地	身長	体重	所　属	年齢	性別
1	浅井	東京	178	88	外科	29	男
2	奥田	埼玉	167	65	内科	35	男
3	河内山	神奈川	158	74	内科	41	男
4	臼井	東京	155	45	内科	36	女
5	宇佐美	東京	184	67	産婦人科	43	男
6	河野	千葉	149	55	耳鼻科	36	女
7	斉藤	東京	162	49	耳鼻科	31	女
8	嶋田	千葉	147	62	内科	33	女
9	高倉	神奈川	153	58	外科	29	女
10	戸田	神奈川	164	63	産婦人科	48	女
11	中川	埼玉	166	45	耳鼻科	31	女
12	久保田	東京	174	79	内科	43	男
13	山崎	千葉	170	76	外科	38	男
14	高橋	東京	143	51	外科	27	女
15	川端	埼玉	151	47	耳鼻科	26	男
16	忍足	東京	188	66	精神科	35	男
17	柿原	千葉	147	45	産婦人科	47	女
18	村山	東京	181	77	内科	42	男
19	長谷川	神奈川	168	90	産婦人科	39	男
20	鈴木	神奈川	175	81	外科	52	男
21	中沢	埼玉	158	50	内科	44	女
22	小川	千葉	156	48	精神科	37	女
23	子島	東京	176	73	外科	48	男
24	佐藤	埼玉	161	63	精神科	31	男
25	桃井	千葉	165	49	内科	29	女

出身地のところは
値ラベルを
利用すると便利です
東京　→ 1
埼玉　→ 2
神奈川 → 3
千葉　→ 4

データ入力の手順は，4ページ目から始まります．

SPSS のデータファイルが，次のようになれば完成です．

ケース1 → ケース 2 → ケース 3 → …… ケース 25 →

	医師	出身地	身長	体重	所属	年齢	性別	var
1	浅井	1	178	88	外科	29	男	
2	奥田	2	167	65	内科	35	男	
3	河内山	3	158	74	内科	41	男	
4	臼井	1	155	45	内科	36	女	
5	宇佐美	1	184	67	産婦人科	43	男	
6	河野	4	149	55	耳鼻科	36	女	
7	斉藤	1	162	49	耳鼻科	31	女	
8	嶋田	4	147	62	内科	33	女	
9	高倉	3	153	58	外科	29	女	
10	戸田	3	164	63	産婦人科	48	女	
11	中川	2	166	45	耳鼻科	31	女	
12	久保田	1	174	79	内科	43	男	
	山崎		170					
				50	内科	44	女	
22	小川	4	156	48	精神科	37	女	
23	子島	1	176	73	外科	48	男	
24	佐藤	2	161	63	精神科	31	男	
25	桃井	4	165	49	内科	29	女	
26								

値ラベル付き

↓

	医師	出身地	身長	体重	所属	年齢	性別	var
1	浅井	東京	178	88	外科	29	男	
2	奥田	埼玉	167	65	内科	35	男	
3	河内山	神奈川	158	74	内科	41	男	
4	臼井	東京	155	45	内科	36	女	
5	宇佐美	東京	184	67	産婦人科	43	男	
6	河野	千葉	149	55	耳鼻科	36		
7	斉藤	東京	162	49	耳鼻科	31		
8	嶋田	千葉	147	62	内科	33	女	
9	高倉	神奈川	153	58	外科	29	女	
10	戸田	神奈川	164	63	産婦人科	48	女	
11	中川	埼玉	166	45	耳鼻科	31	女	
	久保田		174					
		埼玉		50	内科	44	女	
22	小川	千葉	156	48	精神科	37	女	
23	子島	東京	176	73	外科	48	男	
24	佐藤	埼玉	161	63	精神科	31	男	
25	桃井	千葉	165	49	内科	29	女	
26								

出身地に
値ラベルを付けると
こうなります

その１　変数名を入力しましょう

手順 1　次の画面から始めましょう．画面左下の 変数ビュー をクリックすると，次のような変数ビューの画面に変わります．

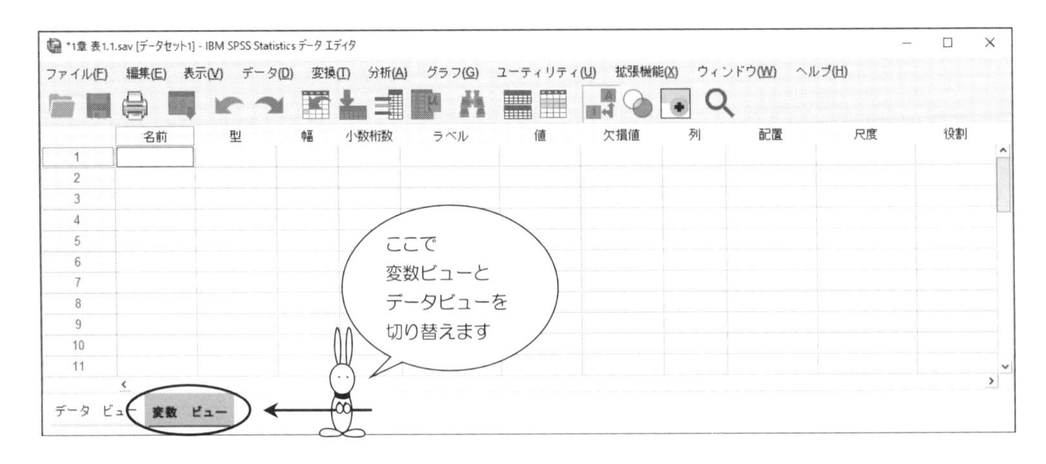

手順 2　名前 とは変数名のことです．そこで，表 1.1 の変数名として医師を入力すると，型 や 幅 や 小数桁数 のセルにいろいろなものが現れます．医師の名前を入力したいので，数値の右の ... をクリックすると……

手順 3　次の画面になります．

そこで，**文字列** をクリックして，**OK**．

変数の型

○数値
○カンマ(C)
○ドット(D)
○科学的表記法(S)
○日付(A)
○ドル(L)
○通貨フォーマット(U)
◉文字列
○制限付き数値 (先頭が 0 の整数)(E)

文字: 8

数値型は桁区切り設定を継承しますが、制限付き数値は桁区切りを使用しません。

OK　キャンセル　ヘルプ

医師の名前は
文字なので……

手順 4　すると，次のように **型** のところが文字列に変わります．

そこで，画面左下の **データビュー** をクリックして……

医師 の下に，浅井，奥田と順にデータを入力してください．

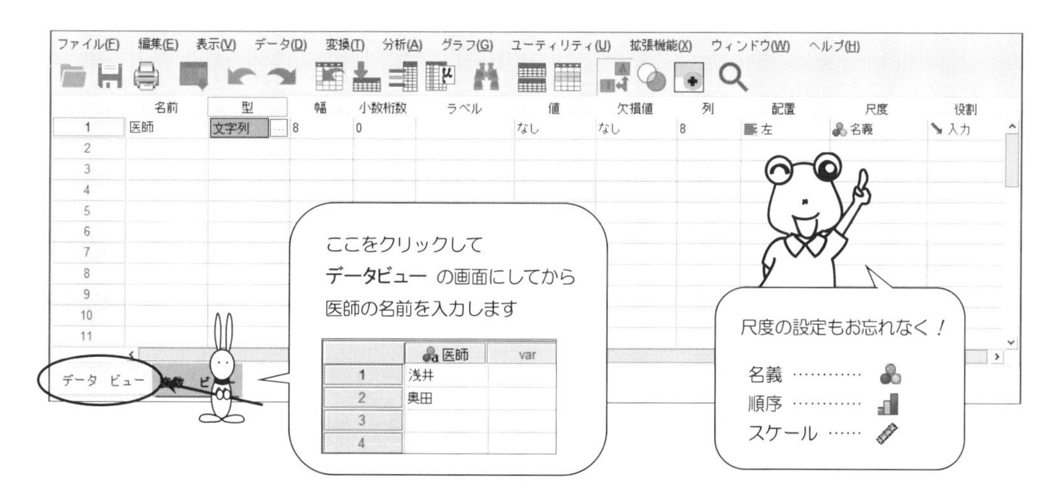

その2　値ラベルを利用しましょう

表1.1の出身地の変数では，入力するデータは4種類です．
このようなときは，値ラベルを利用すると便利です．

次のラベルと値を利用して出身地を入力します．

表1.2　出身地と値ラベル

ラベル	東京	埼玉	神奈川	千葉
値	1	2	3	4

手順1　画面左下の 変数ビュー をクリック．

次のように2行目に入力したら，出身地の 値 のセルをクリックします．

すると，セルが なし … となりますから，… をクリックしてみると……

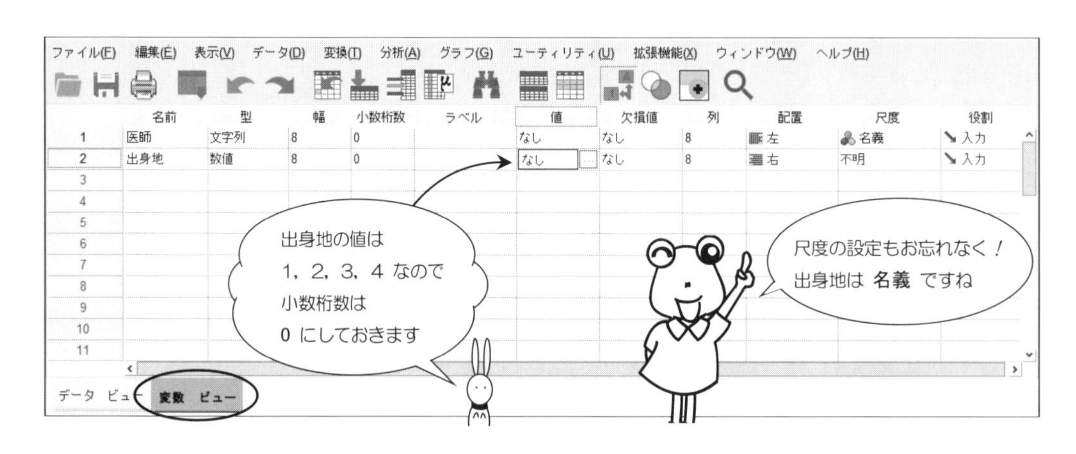

手順 2　値ラベルの画面になるので，

　　値(U)　　に　1

　　ラベル(L)　に　東京

と入力して，追加(A) をクリックします．

手順 3　次のようになりましたか？

値ラベル
値ラベル
値(U):
スペルチェック(S)...
ラベル(L):
1 = "東京"
追加(A)
変更(C)

手順 4　同じように，埼玉・神奈川・千葉にも値ラベルをつけます．続いて……

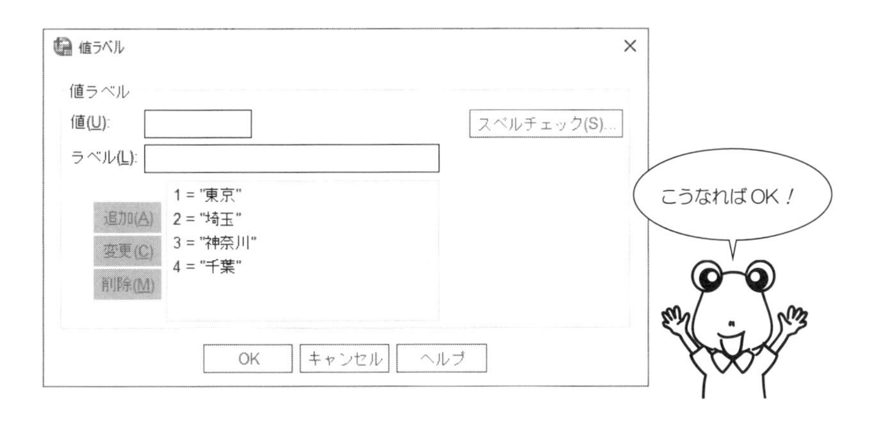

手順 **5** OK をクリックして，画面をデータビューに戻したら，

出身地 のところに，次のように数字でデータを入力します．

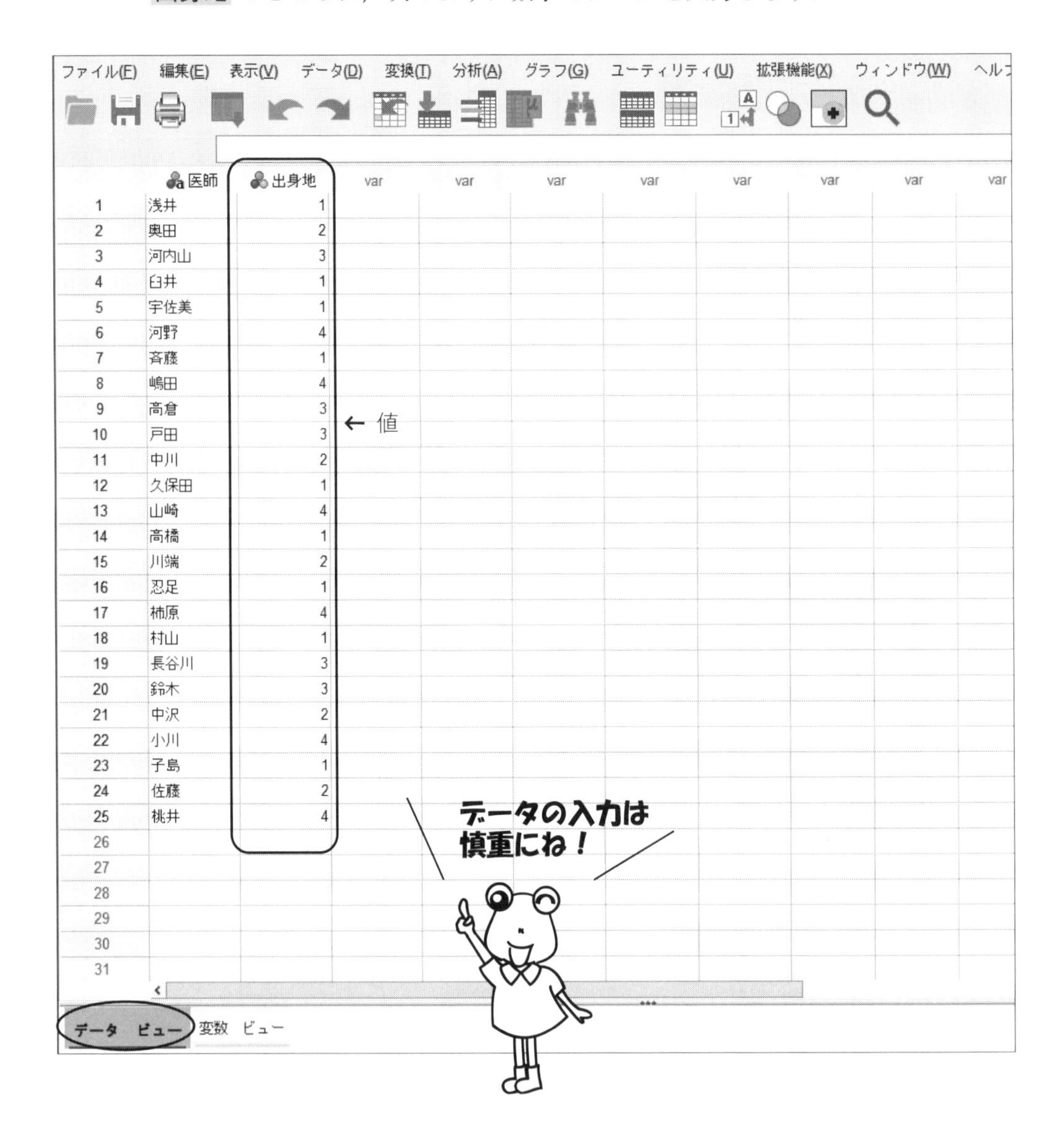

手順 6　データを入力したら，［アイコン］をクリックして，ラベルの画面でも確認しましょう．

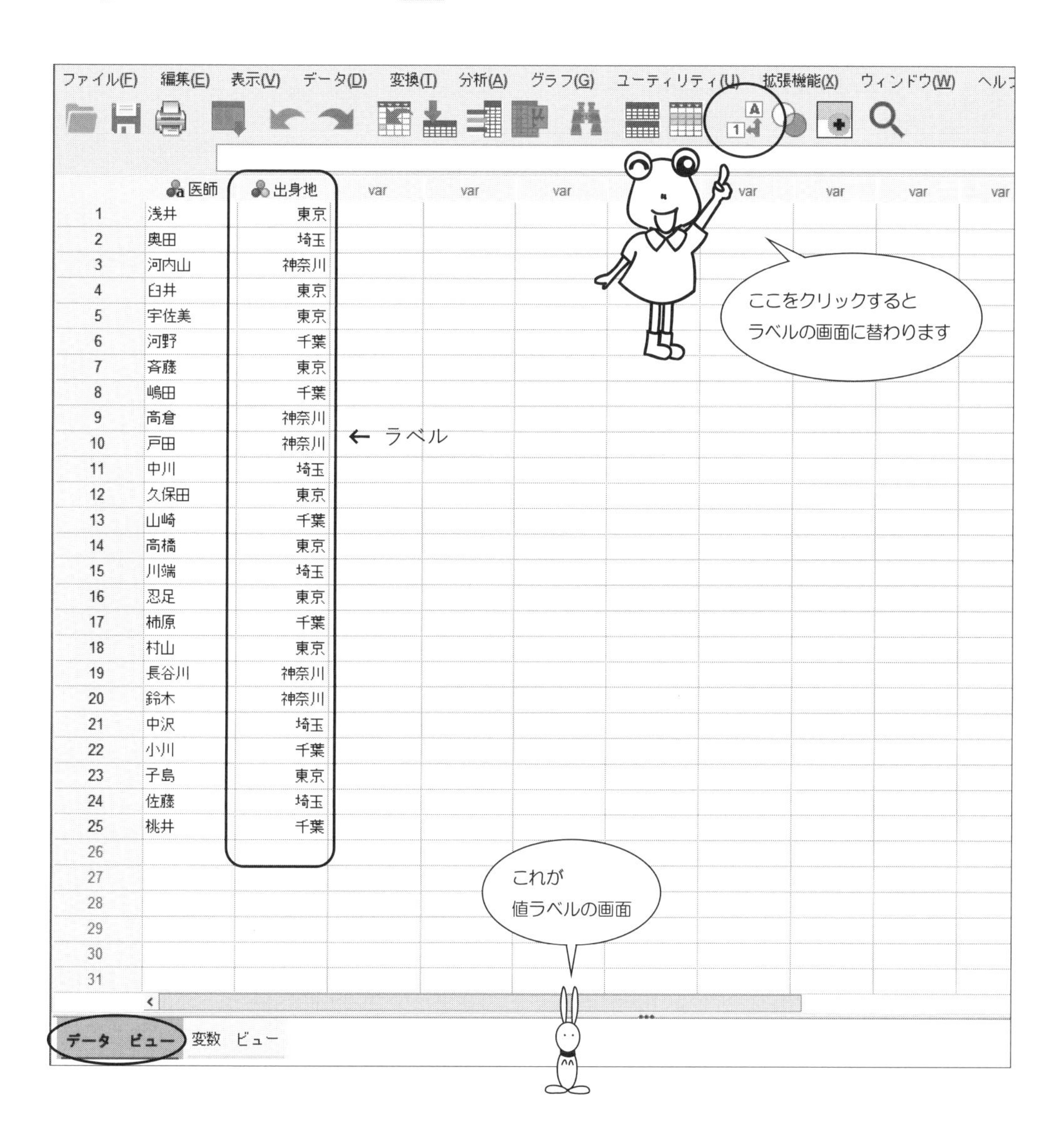

	医師	出身地
1	浅井	東京
2	奥田	埼玉
3	河内山	神奈川
4	臼井	東京
5	宇佐美	東京
6	河野	千葉
7	斉藤	東京
8	嶋田	千葉
9	高倉	神奈川
10	戸田	神奈川
11	中川	埼玉
12	久保田	東京
13	山崎	千葉
14	高橋	東京
15	川端	埼玉
16	忍足	東京
17	柿原	千葉
18	村山	東京
19	長谷川	神奈川
20	鈴木	神奈川
21	中沢	埼玉
22	小川	千葉
23	子島	東京
24	佐藤	埼玉
25	桃井	千葉

その３　数値を入力しましょう

表 1.1 の身長を入力しましょう．身長のデータは数値で与えられています．

手順 1　次の画面から始めましょう．画面左下の **変数ビュー** をクリックして……

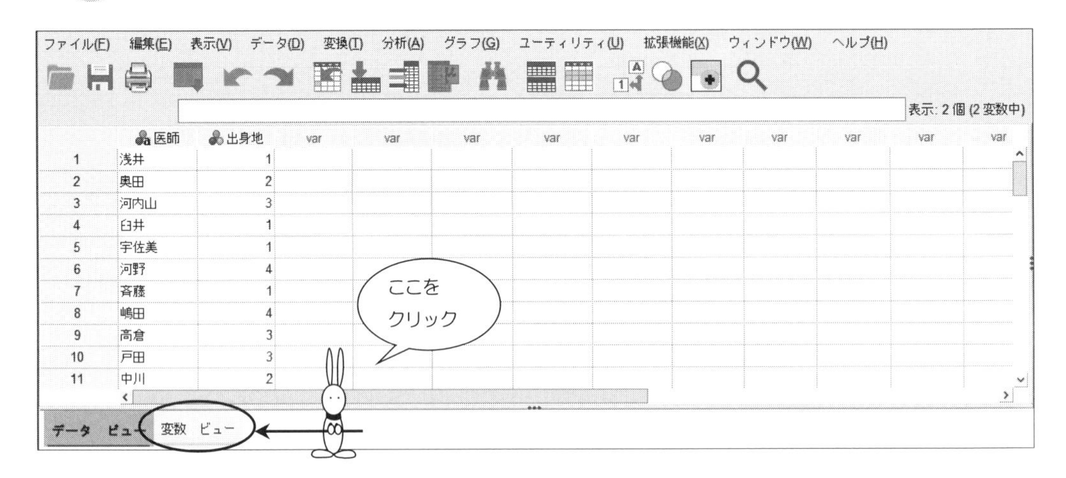

	医師	出身地	var	var	var	var	var	var	var	var	var	var
1	浅井	1										
2	奥田	2										
3	河内山	3										
4	臼井	1										
5	宇佐美	1										
6	河野	4										
7	斉藤	1										
8	嶋田	4										
9	高倉	3										
10	戸田	3										
11	中川	2										

手順 2　変数ビューの画面になったら，次のように身長を入力します．

ファイル(F)　編集(E)　表示(V)　データ(D)　変換(T)　分析(A)　グラフ(G)　ユーティリティ(U)　拡張機能(X)　ウィンドウ(W)　ヘルプ(H)

	名前	型	幅	小数桁数	ラベル	値	欠損値	列	配置	尺度	役割
1	医師	文字列	30	0		なし	なし	8	左	名義	入力
2	出身地	数値	6	0		{1, 東京}...	なし	8	右	名義	入力
3	身長	数値	8	2		なし	なし	8	右	不明	入力
4											
5											
6											
7											
8											
9											
10											
11											
12											

データ　ビュー　　変数　ビュー

手順 3　このデータは整数ですから，**小数桁数** を 0 にしておきます．

尺度 はスケールにしておきます．そして……

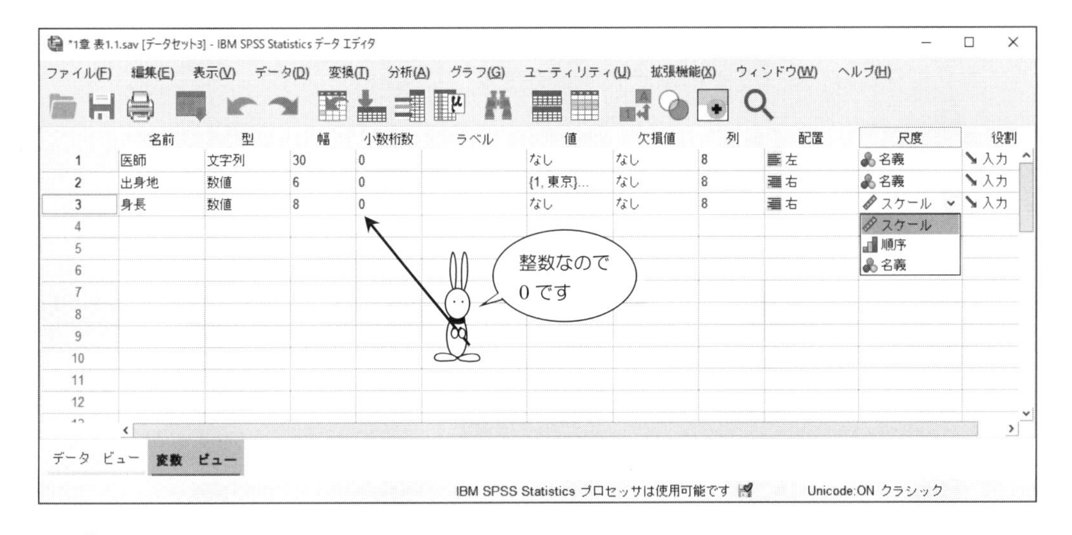

手順 4　画面をデータビューに戻し……，あとは

上から順に，178，167，158，……と入力してください．

Section 1.2　ケースを挿入しましょう

手順 1　4行目と5行目の間に新しいケースを挿入したいときには，
5行目のケースをクリックしておきます．

ファイル(F)　編集(E)　表示(V)　データ(D)　変換(T)　分析(A)　グラフ(G)　ユーティリティ(U)　拡張機能(X)　ウィンドウ(W)　ヘルプ

5 : 医師　宇佐美

	医師	出身地	身長	体重	所属	年齢	性別	var	var	var
1	浅井	1	178	88	外科	29	男			
2	奥田	2	167	65	内科	35	男			
3	河内山	3	158	74	内科	41	男			
4	臼井	1	155	45	内科	36	女			
5	宇佐美	1	184	67	産婦人科	43	男			
6	河野	4	149	55	耳鼻科	36	女			
7	斉藤	1	162	49	耳鼻科	31	女			
8	嶋田	4	147	62	内科	33	女			
9	高倉	3	153	58	外科	29	女			

手順 2　編集(E) のメニューの中から，ケースの挿入(I) を選択します．

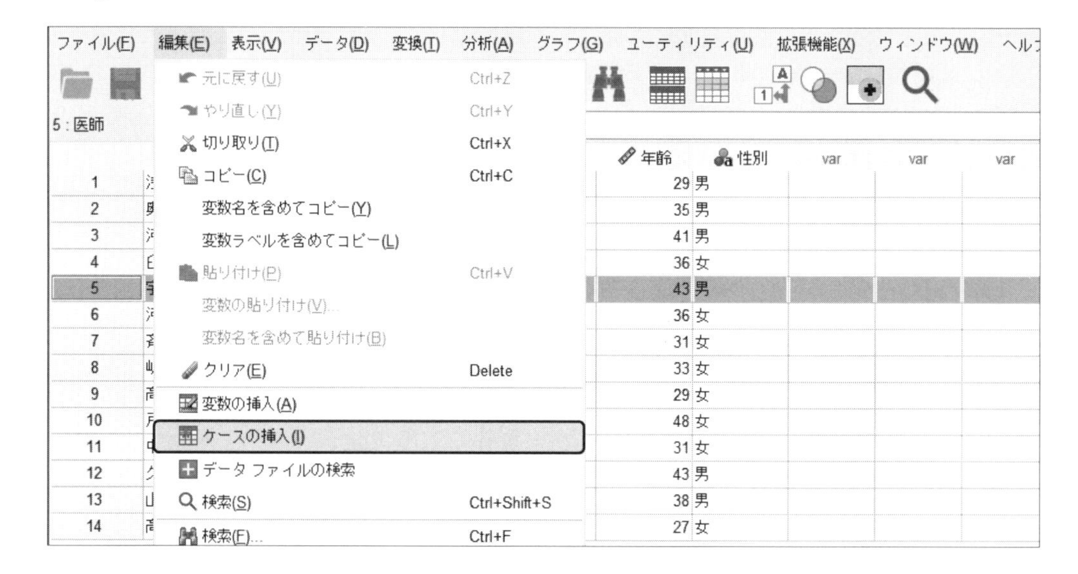

手順 3 すると，次のように新しいケースが挿入されます．

	医師	出身地	身長	体重	所属	年齢	性別	var	var
1	浅井	1	178	88	外科	29	男		
2	奥田	2	167	65	内科	35	男		
3	河内山	3	158	74	内科	41	男		
4	臼井	1	155	45	内科	36	女		
5		.	.	.		.			
6	宇佐美	1	184	67	産婦人科	43	男		
7	河野	4	149	55	耳鼻科	36	女		
8	斉藤	1	162	49	耳鼻科	31	女		
9	嶋田	4	147	62	内科	33	女		
10	高倉	3	153	58	外科	29	女		
11	戸田	3	164	63	産婦人科	48	女		
12	中川	2	166	45	耳鼻科	31	女		
13	久保田	1	174	79	内科	43	男		
14	山崎	4	170	76	外科	38	男		
15	高橋	1	143	51	外科	27	女		
16	川端	2	151	47	耳鼻科	26	男		
17	忍足	1	188	66	精神科	35	男		
18	柿原	4	147	45	産婦人科	47	女		
19	村山	1	181	77	内科	42	男		
20	長谷川	3	168	90	産婦人科	39	男		
21	鈴木	3	175	81	外科	52	男		
22	中沢	2	158	50	内科	44	女		
23	小川	4	156	48	精神科	37	女		
24	子島	1	176	73	外科	48	男		
25	佐藤	2	161	63	精神科	31	男		
26	桃井	4	165	49	内科	29	女		
27									
28									
29									
30									
31									
32									
33									
34									
35									
36									
37									
38									

データ ビュー

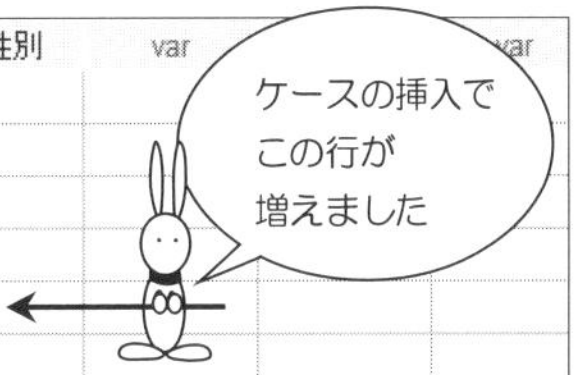

ケースの挿入で
この行が
増えました

つまり，こういうことです！

← 変数の挿入

↑
ケースの挿入

Section 1.3　変数を挿入しましょう

手順 1　2 列目と 3 列目の間に新しい変数を挿入したいときは，

3 列目をクリックしておきます．

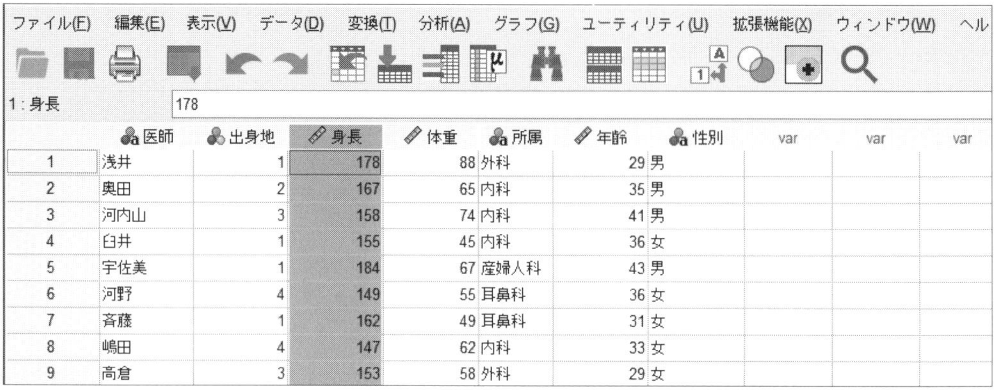

ファイル(F)　編集(E)　表示(V)　データ(D)　変換(T)　分析(A)　グラフ(G)　ユーティリティ(U)　拡張機能(X)　ウィンドウ(W)　ヘル

1 : 身長　178

	医師	出身地	身長	体重	所属	年齢	性別	var	var	var
1	浅井	1	178	88	外科	29	男			
2	奥田	2	167	65	内科	35	男			
3	河内山	3	158	74	内科	41	男			
4	臼井	1	155	45	内科	36	女			
5	宇佐美	1	184	67	産婦人科	43	男			
6	河野	4	149	55	耳鼻科	36	女			
7	斉藤	1	162	49	耳鼻科	31	女			
8	嶋田	4	147	62	内科	33	女			
9	高倉	3	153	58	外科	29	女			

手順 2　編集(E) のメニューの中から，変数の挿入(A) を選択．

ファイル(F)　編集(E)　表示(V)　データ(D)　変換(T)　分析(A)　グラフ(G)　ユーティリティ(U)　拡張機能(X)　ウィンドウ(W)　ヘル

1 : 身長

- 元に戻す(U)　Ctrl+Z
- やり直し(Y)　Ctrl+Y
- 切り取り(T)　Ctrl+X
- コピー(C)　Ctrl+C
- 変数名を含めてコピー(Y)
- 変数ラベルを含めてコピー(L)
- 貼り付け(P)　Ctrl+V
- 変数の貼り付け(V)...
- 変数名を含めて貼り付け(B)
- クリア(E)　Delete
- 変数の挿入(A)
- ケースの挿入(I)
- データ ファイルの検索
- 検索(S)　Ctrl+Shift+S

	年齢	性別	var	var	var
1	29	男			
2	35	男			
3	41	男			
4	36	女			
5	43	男			
6	36	女			
7	31	女			
8	33	女			
9	29	女			
10	48	女			
11	31	女			
12	43	男			
13	38	男			

手順 3　すると，次のように新しい変数が挿入されます．

	医師	出身地	VAR00001	身長	体重	所属	年齢	性別	var	var
1	浅井	1	.	178	88	外科	29	男		
2	奥田	2	.	167	65	内科	35	男		
3	河内山	3	.	158	74	内科	41	男		
4	臼井	1	.	155	45	内科	36	女		
5	宇佐美	1	.	184	67	産婦人科	43	男		
6	河野	4	.	149	55	耳鼻科	36	女		
7	斉藤	1	.	162	49	耳鼻科	31	女		
8	嶋田	4	.	147	62	内科	33	女		
9	高倉	3	.	153	58	外科	29	女		
10	戸田	3	.	164	63	産婦人科	48	女		
11	中川	2	.	166	45	耳鼻科	31	女		
12	久保田	1	.	174	79	内科	43	男		
13	山崎	4	.	170	76	外科	38	男		
14	高橋	1	.	143	51	外科	27	女		
15	川端	2	.	151	47	耳鼻科	26	男		
16	忍足	1	.	188	66	精神科	35	男		
17	柿原	4	.	147	45	産婦人科	47	女		
18	村山	1	.	181	77	内科	42	男		
19	長谷川	3	.	168	90	産婦人科	39	男		
20	鈴木	3	.	175	81	外科	52	男		
21	中沢	2	.	158	50	内科	44	女		
22	小川	4	.	156	48	精神科	37	女		
23	子島	1	.	176	73	外科	48	男		
24	佐藤	2	.	161	63	精神科	31	男		
25	桃井	4	.	165	49	内科	29	女		
26										
27										
28										
29										
30										
31										

データ　ビュー　変数

変数の挿入で
この列が
追加されました

SPSS を終了するときに，データの保存が終わっていないと
このような警告が出ます
データの保存を確認してから はい(Y) をクリックしましょう

IBM SPSS Statistics

最後のデータ エディタ ウィンドウを閉じると SPSS Statistics が終了します。
続行しますか?

以後この警告を表示しない(D)

はい(Y)　いいえ(N)

演 習

1

次のデータは，アメリカ人の性別，人種，地域などについての調査結果です．

問題 1.1 データビューに入力し，ファイル名“演習 1”で保存してください．
ただし，値ラベル付きで入力しましょう．

表 1.3 アメリカ人の生活白書

No.	性別	人種	地域	子供の数	年齢	教育歴
1	女性	黒人	西部	1	42	14
2	女性	黒人	西部	0	21	12
3	男性	白人	西部	1	41	15
4	女性	白人	西部	5	69	12
5	男性	白人	中部	0	47	20
6	女性	白人	中部	2	68	12
7	男性	白人	中部	0	22	15
8	男性	白人	中部	0	33	19
9	女性	白人	中部	2	72	12
10	女性	黒人	中部	0	21	13
11	女性	黒人	中部	2	36	12
12	女性	黒人	中部	1	22	12
13	女性	黒人	中部	1	35	13
14	男性	白人	東部	1	36	18
15	男性	白人	東部	0	28	12
16	女性	白人	東部	0	26	16
17	女性	白人	東部	0	20	12
18	男性	白人	東部	0	23	5
19	女性	白人	東部	4	36	9
20	女性	白人	西部	1	43	16
21	女性	白人	西部	0	28	16
22	男性	白人	中部	3	69	13

No.	性別	人種	地域	子供の数	年齢	教育歴
23	女性	白人	中部	2	52	14
24	男性	白人	中部	2	50	16
25	女性	白人	中部	1	36	16
26	女性	白人	中部	2	45	12
27	女性	白人	中部	2	48	12
28	男性	白人	西部	3	53	12
29	男性	白人	東部	2	42	17
30	男性	白人	東部	0	52	12
31	女性	白人	東部	5	54	13
32	男性	白人	東部	1	31	10
33	女性	その他	中部	0	31	12
34	女性	その他	中部	0	73	7
35	女性	白人	中部	1	81	11
36	女性	白人	中部	2	73	11
37	女性	その他	中部	3	69	10
38	男性	その他	中部	1	61	3
39	男性	その他	中部	2	44	13
40	女性	白人	東部	3	76	12
41	女性	白人	東部	3	82	12
42	女性	白人	東部	1	41	14
43	女性	白人	東部	0	30	12
44	男性	白人	東部	0	82	12

解答 1.1

値ラベルはこのように付けました

性別 …… 1．女性　2．男性
人種 …… 1．黒人　2．白人　3．その他
地域 …… 1．西部　2．中部　3．東部

	性別	人種	地域	子供の数	年齢	教育歴
1	1	1	1	1	42	14
2	1	1	1	0	21	12
3	2	2	1	1	41	15
4	1	2	1	5	69	12
5	2	2	2	0	47	20
6	1	2	2	2	68	12
7	2	2	2	0	22	15
8	2	2	2	0	33	19
9	1	2	2	2	72	12
10	1	1	2	0	21	13
11	1	1	2	2	36	12
12	1	1	2	1	22	12
13	1	1				
14	2	2				
15	2	2				
16	1	2				
17	1	2				
18	2	2				
19	1	2				
20	1	2				
21	1	2				
	2					
38	2	3				
39	2	3				
40	1	2				
41	1	2				
42	1	2				
43	1	2				
44	2	2				
45						

	性別	人種	地域	子供の数	年齢	教育歴
1	女性	黒人	西部	1	42	14
2	女性	黒人	西部	0	21	12
3	男性	白人	西部	1	41	15
4	女性	白人	西部	5	69	12
5	男性	白人	中部	0	47	20
6	女性	白人	中部	2	68	12
7	男性	白人	中部	0	22	15
8	男性	白人	中部	0	33	19
9	女性	白人	中部	2	72	12
10	女性	黒人	中部	0	21	13
11	女性	黒人	中部	2	36	12
12	女性	黒人	中部	1	22	12
13	女性	黒人	中部	1	35	13
14	男性	白人	東部	1	36	18
15	男性	白人	東部	0	28	12
16	女性	白人	東部	0	26	16
17	女性	白人	東部	0	20	12
18	男性	白人	東部	0	23	5
19	女性	白人	東部	4	36	9
20	女性	白人	西部	1	43	16
21	女性		西部		28	16
		その他		3		
38	男性	その他	中部	1	61	3
39	男性	その他	中部	2	44	13
40	女性	白人	東部	3	76	12
41	女性	白人	東部	3	82	12
42	女性	白人	東部	1	41	14
43	女性	白人	東部	0	30	12
44	男性	白人	東部	0	82	12
45						

データの変換？ 選択？ 並べ替え？

1章で入力したデータを使って

データの変換　　**データの選択**　　**データの並べ替え**

などの練習をしましょう．

Section 2.1 データを変換してみましょう

身長のデータを，次のように変換してみましょう．

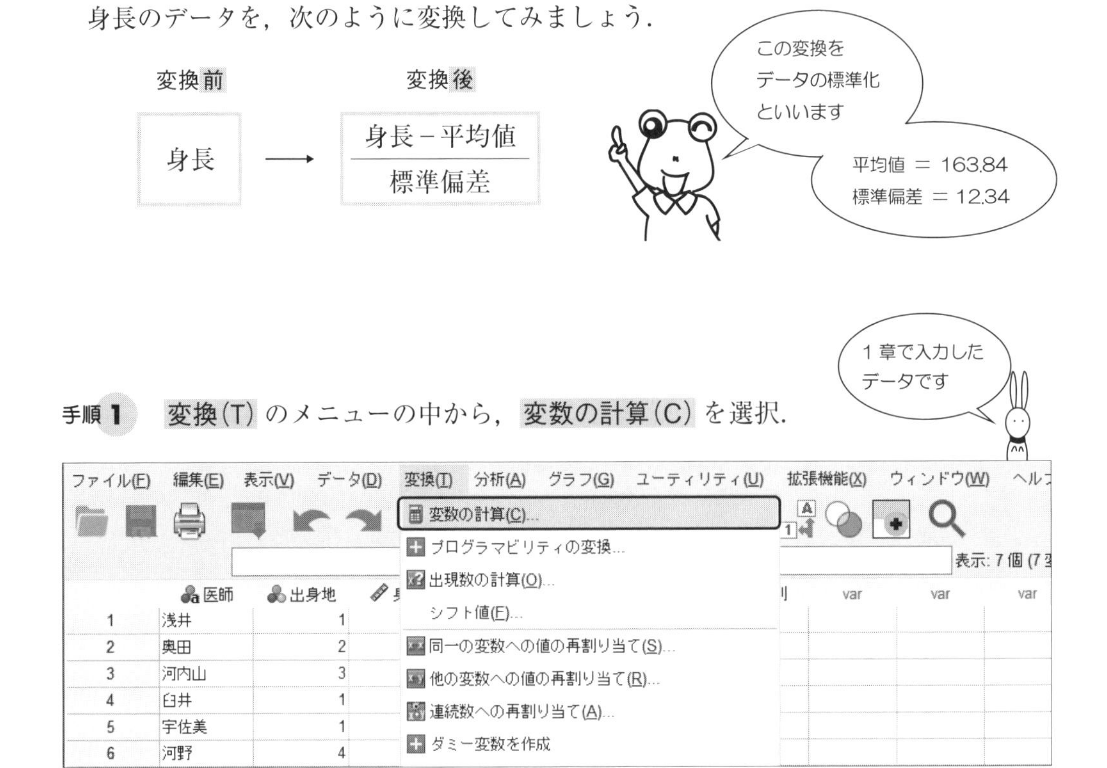

手順 1　変換(T) のメニューの中から，変数の計算(C) を選択．

手順 2　変数の計算の画面になったら，まず，**目標変数(T)** の中に変換後の変数名を入力します．ここでは**身長1**と入力します．

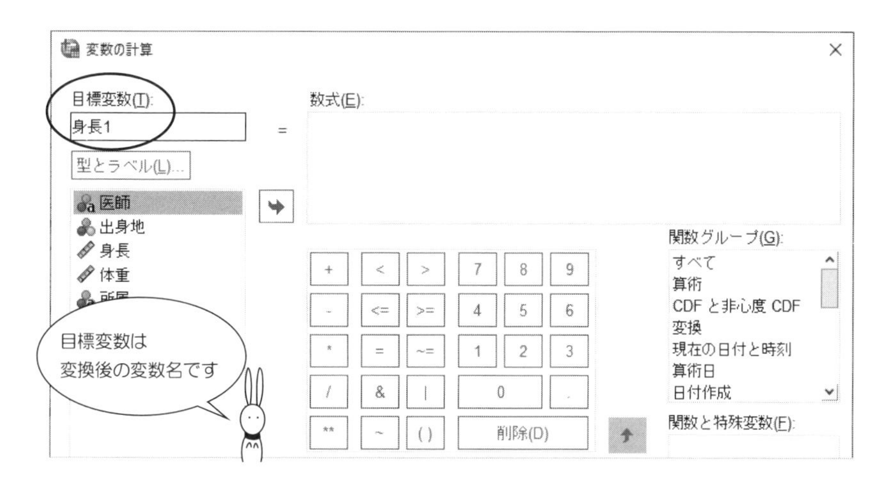

手順 3　続いて，**数式(E)** の中には

(身長－163.84)/12.34

と入力するので，画面の中のカッコ ( ) をクリック．

さらに，左のワクの中から**身長**を選択して，➡ をクリック．

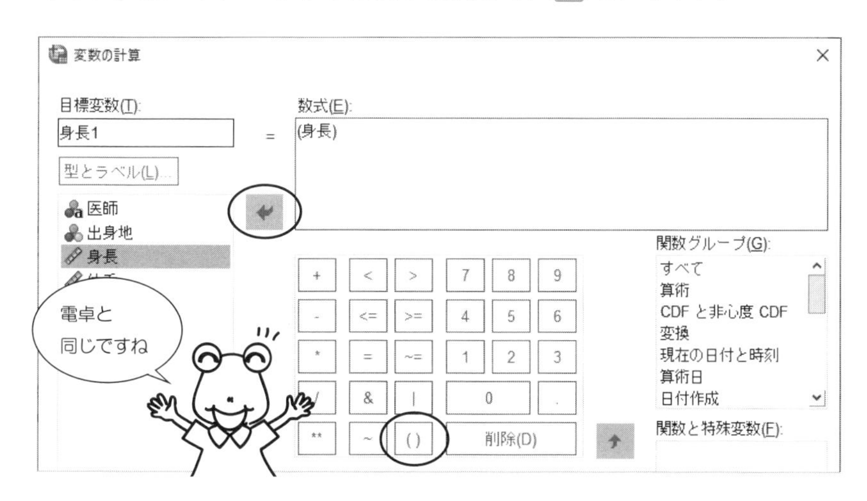

手順 4　次に，マイナス［-］をクリックしたら，163.84 と入力します．

カーソルを右カッコの外へ移動したら……

変数の計算

目標変数(T):　身長1　=　数式(E):　(身長 - 163.84)

型とラベル(L)...

医師　出身地　身長　体重　所属　年齢

関数グループ(G):　すべて　算術　CDF と非心度 CDF　変換

手順 5　続いて，割り算［/］をクリックして，12.34 を入力します．

次のようになれば完成です．あとは［OK］をマウスでカチッ！

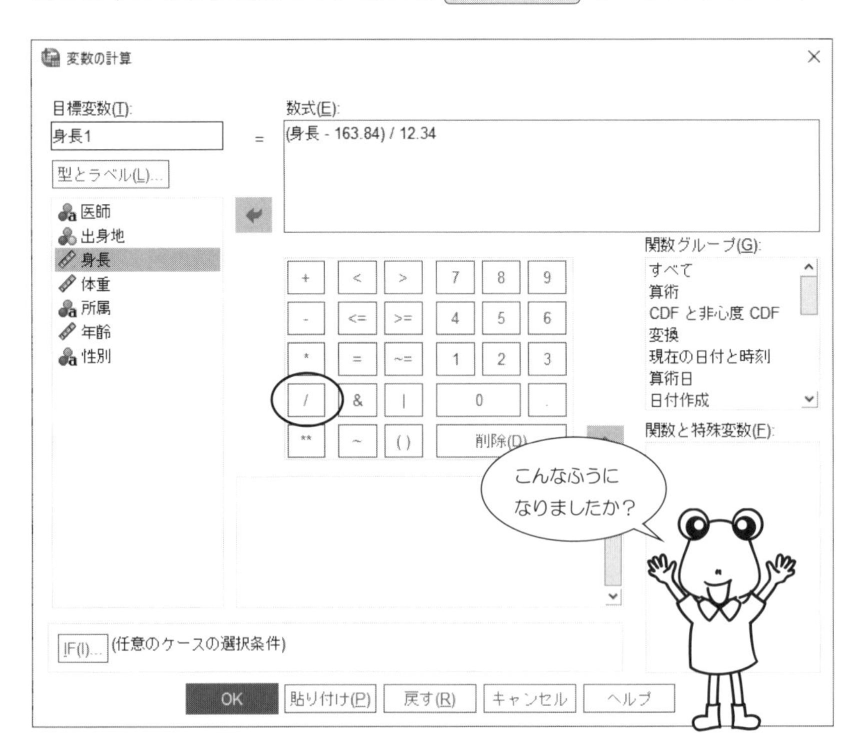

【SPSS による出力】— データの変換 —

次のようになりましたか？

	医師	出身地	身長	体重	所属	年齢	性別	身長1	var
1	浅井	1	178	88	外科	29	男	1.15	
2	奥田	2	167	65	内科	35	男	.26	
3	河内山	3	158	74	内科	41	男	-.47	
4	臼井	1	155	45	内科	36	女	-.72	
5	宇佐美	1	184	67	産婦人科	43	男	1.63	
6	河野	4	149	55	耳鼻科	36	女	-1.20	
7	斉藤	1	162	49	耳鼻科	31	女	-.15	
8	嶋田	4	147	62	内科	33	女	-1.36	
9	高倉	3	153	58	外科	29	女	-.88	
10	戸田	3	164	63	産婦人科	48	女	.01	
11	中川	2	166	45	耳鼻科	31	女	.18	
12	久保田	1	174	79	内科	43	男	.82	
13	山崎	4	170	76	外科	38	男	.50	
14	高橋	1	143	51	外科	27	女	-1.69	
15	川端	2	151	47	耳鼻科	26	男	-1.04	
16	忍足	1	188	66	精神科	35	男	1.96	
17	柿原	4	147	45	産婦人科	47	女	-1.36	
18	村山	1	181	77	内科	42	男	1.39	
19	長谷川	3	168	90	産婦人科	39	男	.34	
20	鈴木	3	175	81	外科	52	男	.90	
21	中沢	2	158	50	内科	44	女	-.47	
22	小川	4	156	48	精神科	37	女	-.64	
23	子島	1	176	73	外科	48	男	.99	
24	佐藤	2	161	63	精			-.23	
25	桃井	4	165	49	内			.09	
26									
27									
28									
29									

データ ビュー

この列に注目！

この変換を
データの標準化
といいます

データの標準化をすると
平均 …… 0
分散 …… 1
に変換されます

【データの標準化】

平均値 ＝ 163.84　標準偏差 ＝ 12.34

$$\frac{\text{身長}-\text{平均値}}{\text{標準偏差}} \Rightarrow \frac{\text{身長}-163.84}{12.34}$$

平均値 ＝ 0　標準偏差 ＝ 1

Section 2.2 データの値の再割り当て？ これはとっても便利!!

データの値を変更したいときは，

他の変数への値の再割り当て(R)

をしましょう．

たとえば，**性別** のデータは

男

女

となっていますが，このデータを

男 → 1

女 → 2

のように変更したいときは……

手順 1 **変換(T)** から，**他の変数への値の再割り当て(R)** を選択します．

ファイル(F) 編集(E) 表示(V) データ(D) 変換(T) 分析(A) グラフ(G) ユーティリティ(U) 拡張機能(X) ウィンドウ(W) ヘルプ(

変数の計算(C)...
プログラマビリティの変換...
出現数の計算(O)...
シフト値(F)...
同一の変数への値の再割り当て(S)...
他の変数への値の再割り当て(R)...
連続数への再割り当て(A)...
ダミー変数を作成
連続変数のカテゴリ化(B)...
最適カテゴリ化(I)...
モデル作成のデータ準備(P) ›
ケースのランク付け(K)...

表示: 8 個 (8 変数

	医師	出身地	身長1	var	var
1	浅井	1	1.15		
2	奥田	2	.26		
3	河内山	3	-.47		
4	臼井	1	-.72		
5	宇佐美	1	1.63		
6	河野	4	-1.20		
7	斉藤	1	-.15		
8	嶋田	4	-1.36		
9	高倉	3	-.88		
10	戸田	3	.01		
11	中川	2	.18		

手順 **2** 性別を選択して，[➡] をクリック．

変換先変数 の 名前(N) の中に性別 1 と入力して

変更(H) をクリック．

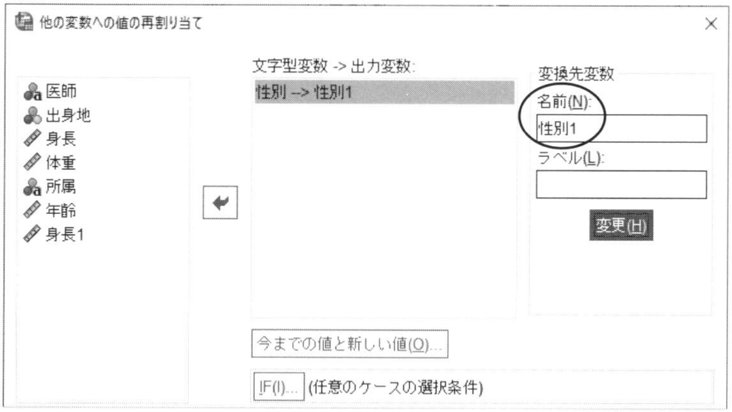

手順 **3** 今までの値と新しい値(O) をクリックすると，次の画面が現れるので，

今までの値 の中へ男を，新しい値 の中へ 1 を入力．

そして，追加(A) をクリック．すると……

手順 4 次のようになります.

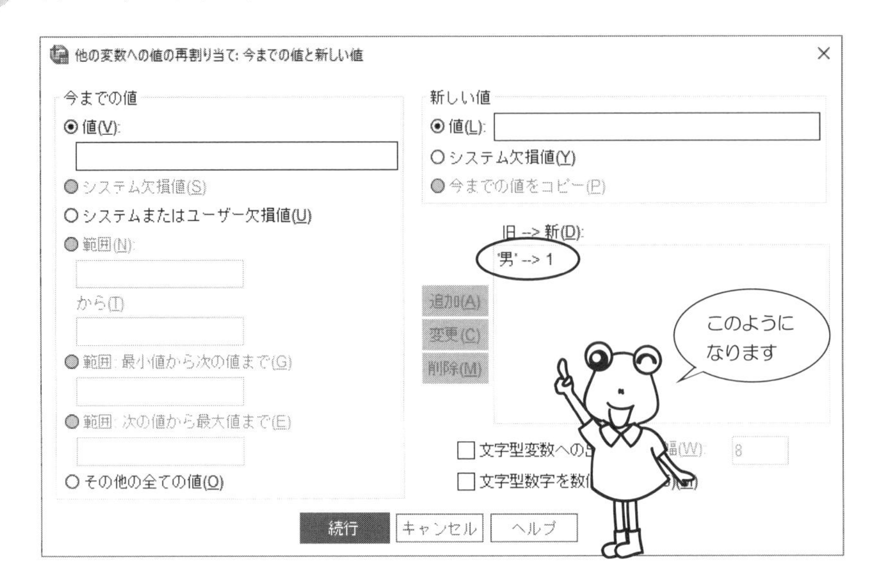

手順 5 続いて，女を 2 に変えたいので，次のように入力して

追加(A) をクリック．すると……

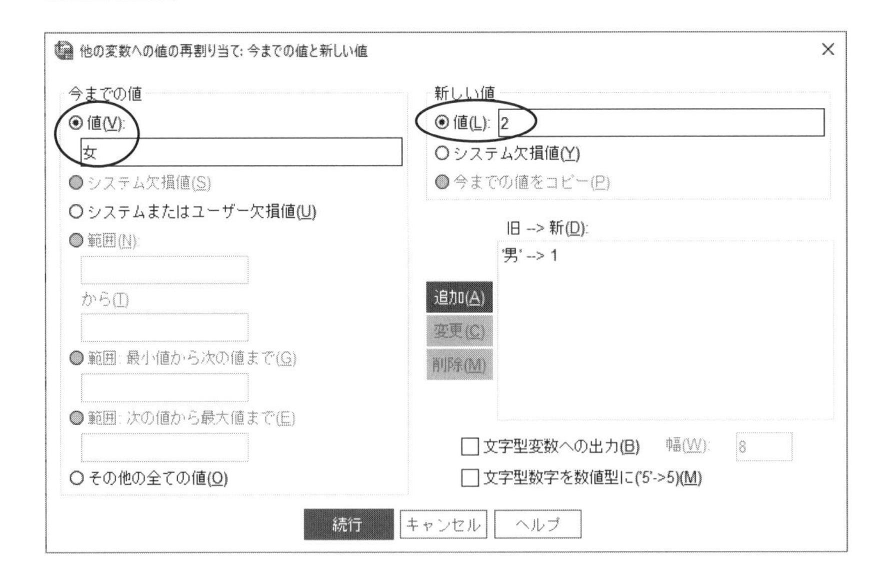

手順 6 次のようになります．［続行］をクリックすると，**手順 2** の画面に戻るので，あとは［OK］をマウスでカチッ！

他の変数への値の再割り当て: 今までの値と新しい値

今までの値
- ◉ 値(V):
- ○ システム欠損値(S)
- ○ システムまたはユーザー欠損値(U)
- ○ 範囲(N):
- から(T)
- ○ 範囲: 最小値から次の値まで(G)
- ○ 範囲: 次の値から最大値まで(E)
- ○ その他の全ての値(O)

新しい値
- ◉ 値(L):
- ○ システム欠損値(Y)
- ○ 今までの値をコピー(P)

旧 --> 新(D):
'男' --> 1
'女' --> 2

追加(A)　変更(C)　削除(M)

☐ 文字型変数への出力(B)　幅(W): 8
☐ 文字型数字を数値型に('5'->5)(M)

続行　キャンセル　ヘルプ

あとは続行！

【SPSS による出力】― データの値の再割り当て ―

次のようになりましたか？

	医師	出身地	身長	体重	所属	年齢	性別	身長1	性別1
1	浅井	1	178	88	外科	29	男	1.15	1.00
2	奥田	2	167	65	内科	35	男	.26	1.00
3	河内山	3	158	74	内科	41	男	-.47	1.00
4	臼井	1	155	45	内科	36	女	-.72	2.00
5	宇佐美	1	184	67	産婦人科	43	男	1.63	1.00
6	河野	4	149	55	耳鼻科	[illegible]	[illegible]	-1.20	2.00
7	斉藤	1	162	49	耳鼻科	[illegible]	[illegible]	-.15	2.00
8	嶋田	4	147	62	内科	[illegible]	[illegible]	-1.36	2.00
9	高倉	3	153	58	外科	29	女	[illegible]	2.00
10	戸田	3	164	63	産婦人科	48	女	[illegible]	2.00
11	中川	2	166	45	耳鼻科	31	女	[illegible]	2.00
12	久保田	1	174	79	内科	43	男	[illegible]	1.00
13	山崎	4	170	76	外科	38	男	[illegible]	1.00
14	高橋	1	143	51	外科	27	女	[illegible]	2.00

この列に注目！

Section 2.3　データを選択してみましょう

データの一部分だけを取り出して，統計処理をおこないたいときがあります．

そのような場合には，

ケースの選択(S)

を利用しましょう．

たとえば，出身地 が

東京（＝1）の人，または，神奈川（＝3）の人

を取り上げて，統計処理をしたいときは……

手順 1　データ(D) のメニューの中から，ケースの選択(S) をクリック．

手順 2　選択状況 の IF 条件が満たされるケース(C) を選択して，

IF(I) をクリック．

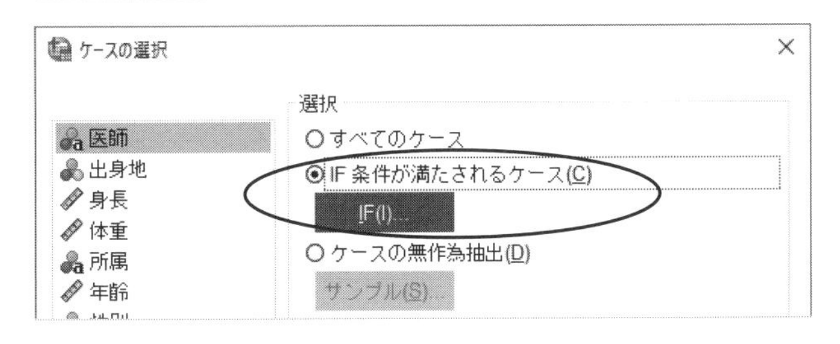

手順 3　次の画面になったら，ケースの選択条件を定義します．

まず，出身地を選択して，[→] をクリック．

あとは，[=] ⇨ 1 ⇨ [|] ⇨ 出身地 ⇨ [=] ⇨ 3 と順番にクリックします．

続行 をクリックすると，**手順 2** に戻るので，OK を！

【SPSS による出力】— データの選択 —

次のように選択されないケースが除かれます.

	医師	出身地	身長	体重	所属	年齢	性別	filter_$	var
1	浅井	東京	178	88	外科	29	男	Selected	
3	河内山	神奈川	158	74	内科	41	男	Selected	
4	臼井	東京	155	45	内科	36	女	Selected	
5	宇佐美	東京	184	67	産婦人科	43	男	Selected	
7	斉藤	東京	162	49	耳鼻科	31	女	Selected	
9	高倉	神奈川	153	58	外科	29	女	Selected	
10	戸田	神奈川	164	63	産婦人科	48	女	Selected	
12	久保田	東京	174	79	内科	43	男	Selected	
14	高橋	東京	143	51	外科	27	女	Selected	
16	忍足	東京	188	66	精神科	35	男	Selected	
18	村山	東京	181	77	内科	42	男	Selected	
19	長谷川	神奈川	168	90	産婦人科	39	男	Selected	
20	鈴木	神奈川	175	81	外科	52	男	Selected	
23	子島	東京	176	73	外科	48	男	Selected	

データ ビュー　変数 ビュー

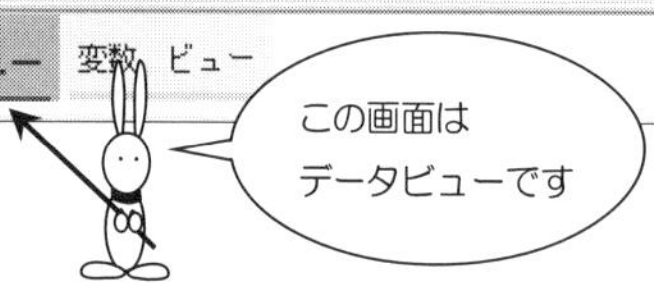

出身地が
埼玉（=2）と
千葉（=4）の人は
分析から除かれます

この画面は
データビューです

手順 **2** の画面で ケースの無作為抽出(D) を選び サンプル(S) をクリックしてみます.

右の画面で，全ケースから約 50%の確率でケースを抽出すると，次のようになります.

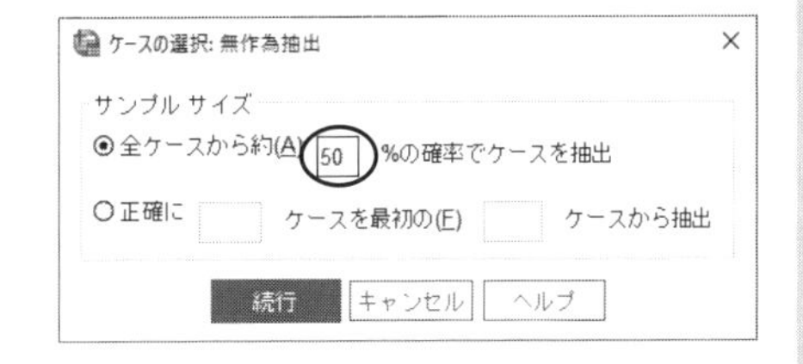

	医師	出身地	身長	体重	所属	年齢	性別	filter_$	var
1	浅井	東京	178	88	外科	29	男	1	
2	奥田	埼玉	167	65	内科	35	男	1	
4	臼井	東京	155	45	内科	36	女	1	
5	宇佐美	東京	184	67	産婦人科	43	男	1	
7	斉藤	東京	162	49	耳鼻科	31	女	1	
8	嶋田	千葉	147	62	内科	33	女	1	
9	高倉	神奈川	153	58	外科	29	女	1	
10	戸田	神奈川	164	63	産婦人科	48	女	1	
11	中川	埼玉	166	45	耳鼻科	31	女	1	
12	久保田	東京	174	79	内科	43	男	1	
14	高橋	東京	143	51	外科	27	女	1	
18	村山	東京	181	77	内科	42	男	1	
20	鈴木	神奈川	175	81	外科	52	男	1	
21	中沢	埼玉	158	50	内科	44	女	1	
23	子島	東京	176	73	外科	48	男	1	
24	佐藤	埼玉	161	63	精神科	31	男	1	

こんなふうに
データをランダムに
選択をすることが
できるんです

Section 2.4　データを大きさの順に並べ替え！

データを大きさの順に並べ替えたいときは

ケースの並べ替え(O)

をしましょう．

手順1　データ(D) のメニューの中から，ケースの並べ替え(O) を選択．

手順 2　身長を小さい人から大きい人へ並べ替えたいときは

左のワクの中の**身長**をクリックして，➡ をクリック．

次のように **昇順(A)** を選択したら

あとは **OK** をマウスでカチッ！

ケースの並べ替え

並べ替え:
身長 :NONE.

医師
出身地
体重
所属
年齢
性別

ソート順
◉ 昇順(A)
○ 降順(D)

ソートしたデータを保存
☐ ソートしたデータのファイルを保存
ファイル(L)...
インデックスを作成

OK　貼り付け(P)　戻す(R)　キャンセル　ヘルプ

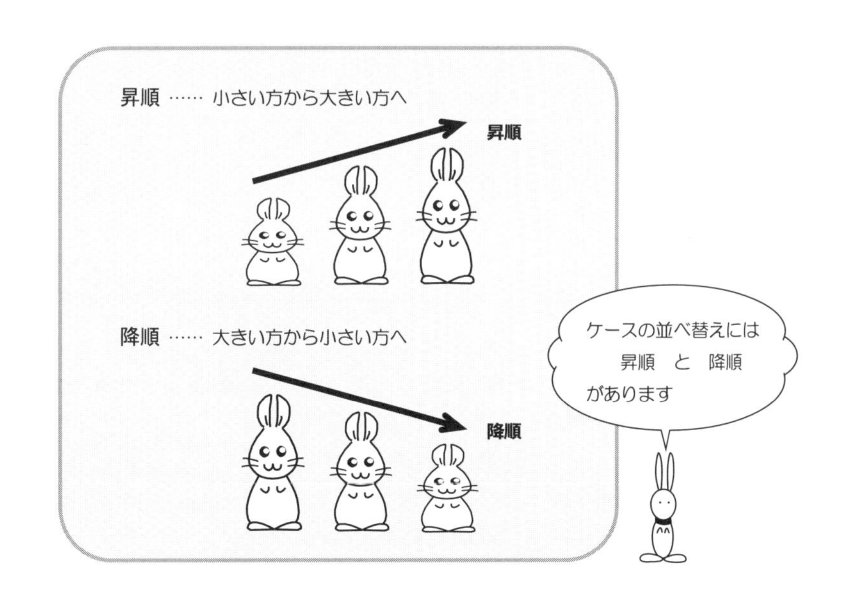

【SPSS による出力】— データの並べ替え —

データビューを見ると，…

身長が大きさの順にケースが並び替わりましたね！

	医師	出身地	身長	体重	所属	年齢	性別	var	var
1	高橋	東京	143	51	外科	27	女		
2	嶋田	千葉	147	62	内科	33	女		
3	柿原	千葉	147	45	産婦人科	47	女		
4	河野	千葉	149	55	耳鼻科	36	女		
5	川端	埼玉	151	47	耳鼻科	26	男		
6	高倉	神奈川	153	58	外科	29	女		
7	臼井	東京	155	45	内科	36	女		
8	小川	千葉	156	48	精神科	37	女		
9	河内山	神奈川	158	74	内科	41	男		
10	中沢	埼玉	158	50	内科	44	女		
11	佐藤	埼玉	161	63	精神科	31	男		
12	斉藤	東京	162	49	耳鼻科	31	女		
13	戸田	神奈川	164	63	産婦人科	48	女		
14	桃井	千葉	165	49	内科	29	女		
15	中川	埼玉	166	45	耳鼻科	31	女		
16	奥田	埼玉	167	65	内科	35	男		
17	長谷川	神奈川	168	90	産婦人科	39	男		
18	山崎	千葉	170	76	外科	38	男		
19	久保田	東京	174	79	内科	43	男		
20	鈴木	神奈川	175	81	外科	52	男		
21	子島	東京	176	73	外科	48	男		
22	浅井	東京	178	88	外科	29	男		
23	村山	東京	181	77	内科	42	男		
24	宇佐美	東京	184	67	産婦人科	43	男		
25	忍足	東京	188	66	精神科	35	男		
26									
27									
28									
29									
30									

データ ビュー　変数 ビュー

小さい方から大きい方に並び変わりました！

つまり昇順！

手順 **2** の画面で，右のように **降順(D)** を選択すると……

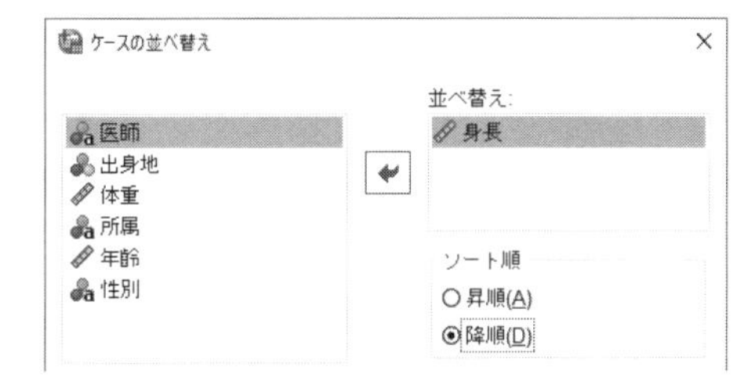

次のようになります．

	医師	出身地	身長	体重	所属	年齢	性別
1	忍足	東京	188	66	精神科	35	男
2	宇佐美	東京	184	67	産婦人科	43	男
3	村山	東京	181	77	内科	42	男
4	浅井	東京	178	88	外科	29	男
5	子島	東京	176	73	外科	48	男
6	鈴木	神奈川	175	81	外科	52	男
7	久保田	東京	174	79	内科	43	男
8	山崎	千葉	170	76	外科	38	男
9	長谷川	神奈川	168	90	産婦人科	39	男
10	奥田	埼玉	167	65	内科	35	男
11	中川	埼玉	166	45	耳鼻科	31	女
12	桃井	千葉	165	49	内科	29	女
13	戸田	神奈川	164	63	産婦人科	48	女
14	斉藤	東京	162	49	耳鼻科	31	女
15	佐藤	埼玉	161	63	精神科	31	男
16	河内山	神奈川	158	74	内科	41	男
17	中沢	埼玉	158	50	内科	44	女
18	小川	千葉	156	48	精神[illegible]	[illegible]	[illegible]
19	臼井	東京	155	45	内[illegible]	[illegible]	[illegible]
20	高倉	神奈川	153	58	外[illegible]	[illegible]	[illegible]
21	川端	埼玉	151	47	耳鼻科	[illegible]	男
22	河野	千葉	149	55	耳鼻科	36	女
23	嶋田	千葉	147	62	内科	33	女
24	柿原	千葉	147	45	産婦人科	47	女
25	高橋	東京	143	51	外科	27	女
26							

身長の高い順に
並び替えられました

Section 2.5　データの重み付けって，なに？

次のデータは，アメリカの大学生を対象におこなった出身地と婚前性交渉に関するアンケート調査の結果です．

表 2.1　クロス集計表

出身地＼婚前性交渉	賛成	どちらともいえない	反対
東　部	82人	121人	36人
南　部	201人	373人	149人
西　部	169人	142人	28人

このような表を
3×3 クロス集計表
といいます

クロス集計表の数値は
データの個数です

この表 2.1 のように，データの個数が与えられているときは，

ケースの重み付け(W)

を利用しましょう．

“ケースの重み”とは，同じデータの個数のことです．

たとえば

東部	賛成	＝ 82

の場合

出身地が 東部 で婚前性交渉に 賛成 のデータが 82 個

という意味です．

手順1 データビューの変数には次のように 出身地，婚前性交渉，人数 を入力しておきます．

	出身地	婚前性交渉	人数	var	var	var	var	var	var
1	東部	賛成	82						
2	東部	どちらともいえない	121						
3	東部	反対	36						
4	南部	賛成	201						
5	南部	どちらともいえない	373						
6	南部	反対	149						
7	西部	賛成	169						
8	西部	どちらともいえない	142						
9	西部	反対	28						
10									

手順2 データ(D) のメニューから，ケースの重み付け(W) を選択しましょう．

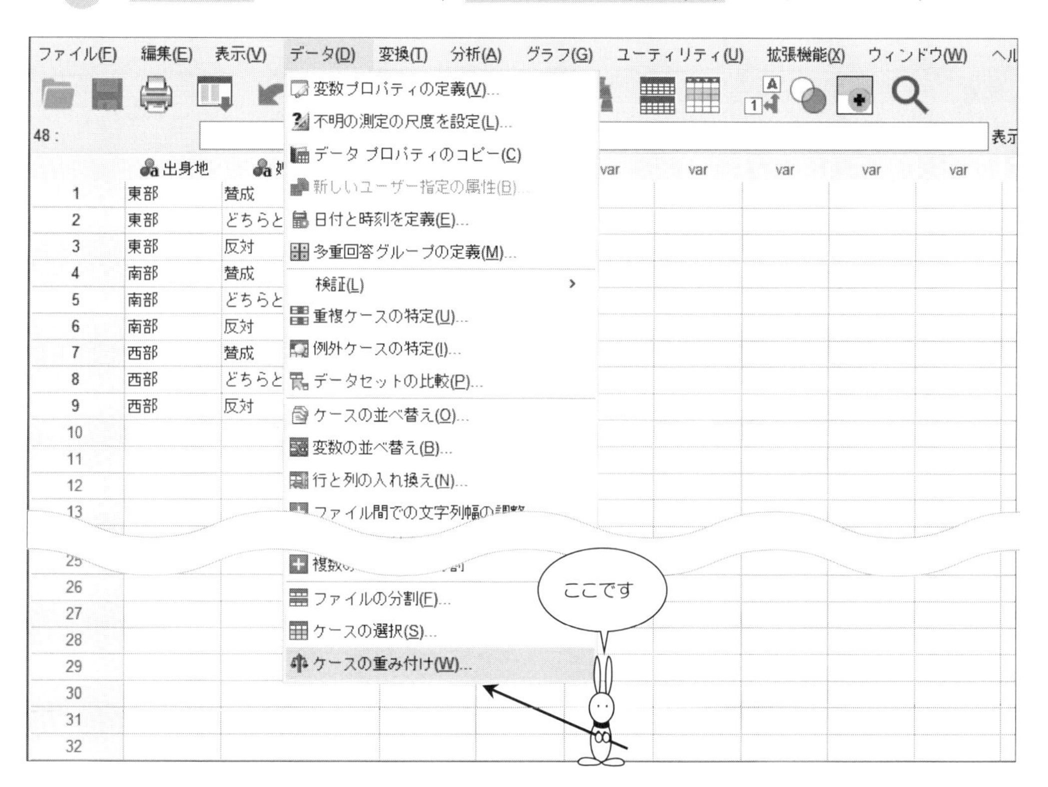

手順 3　次の画面になったら，ケースの重み付け(W) をクリック.

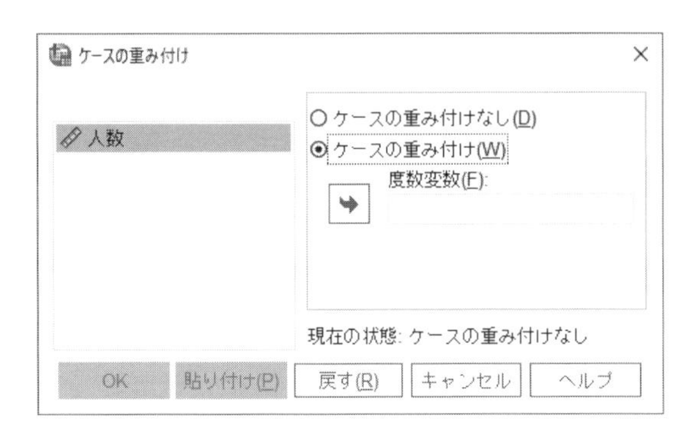

手順 4　人数を選択してから ➡ をクリックすると，次のように

度数変数(F) の下のワクに人数が移動します.

あとは OK をマウスでカチッ！

【SPSS による出力】— データの重み付け —

次のように画面右下に 重み付き オン が現れたら，うまくいった証拠です．

演　習

2

次のデータは死刑，拳銃所持，体罰，安楽死に対するアメリカ人の意識調査の結果です．

問題 2.1　就学年数を，次のように新しい変数＝就学1に変換してください．

$$\text{就学年数} \longrightarrow \boxed{\text{就学1} = \frac{\text{就学年数} - 14}{2}}$$

問題 2.2　死刑に対して，値の再割り当てを利用し

1 ⟶ 賛成

2 ⟶ 反対

に書き換えてください．変数名は死刑1としましょう．

問題 2.3　体罰が4で，安楽死が2と反応した人を選択してください．

問題 2.4　年齢の若い人から順に並べ替えてください．

アンケートの内容はこのようになっています

死刑	……	1．賛成	2．反対
拳銃所持	……	1．賛成	2．反対
体罰	……	1．絶対支持する	2．支持する
		3．支持しない	4．絶対支持しない
安楽死	……	1．賛成	2．反対

表 2.2　アメリカ人の意識調査

No.	年齢	就学年数	性別	人種	死刑	拳銃所持	体罰	安楽死
1	60	14	女性	黒人	2	1	2	2
2	46	16	女性	黒人	2	1	2	1
3	43	16	男性	白人	1	1	1	1
4	77	15	女性	白人	2	1	4	1
5	47	18	女性	白人	1	1	2	2
6	27	9	女性	黒人	1	1	2	1
7	54	12	女性	白人	2	1	1	2
8	44	12	女性	白人	1	1	2	1
9	76	10	女性	白人	1	1	1	1
10	54	12	女性	白人	1	1	2	1
11	65	13	男性	白人	1	1	4	2
12	71	14	女性	白人	1	1	3	1
13	49	8	女性	白人	2	1	1	2
14	41	15	男性	黒人	1	1	4	2
15	33	16	男性	白人	1	1	3	1
16	62	14	男性	白人	1	2	2	1
17	19	11	男性	白人	2	1	3	1
18	19	11	女性	白人	1	1	2	1
19	58	14	女性	白人	1	1	1	2
20	44	12	女性	黒人	2	1	2	1
21	36	16	男性	白人	1	1	3	1
22	19	8	女性	黒人	1	2	2	1
23	52	12	男性	黒人	1	1	1	1
24	49	16	男性	白人	1	1	3	2
25	66	10	男性	白人	1	1	3	1
26	34	15	男性	黒人	1	1	4	2
27	63	12	女性	黒人	2	1	1	2
28	28	19	女性	白人	2	1	4	1
29	72	12	男性	白人	2	2	2	2
30	48	12	女性	白人	1	1	2	1
31	77	12	女性	白人	2	1	4	1
32	26	12	女性	黒人	1	1	2	1
33	39	16	女性	白人	2	1	4	1
34	29	18	男性	黒人	1	2	2	1
35	28	13	女性	黒人	1	1	2	1
36	50	14	男性	白人	1	2	2	1
37	66	12	女性	黒人	2	1	1	2
38	72	12	女性	白人	1	1	1	1
39	28	10	女性	白人	2	1	3	1
40	82	10	女性	黒人	1	1	1	2

3章 いろいろなグラフの描き方・作り方

SPSS の グラフ(G) を利用すると，いろいろなグラフを描くことができます．

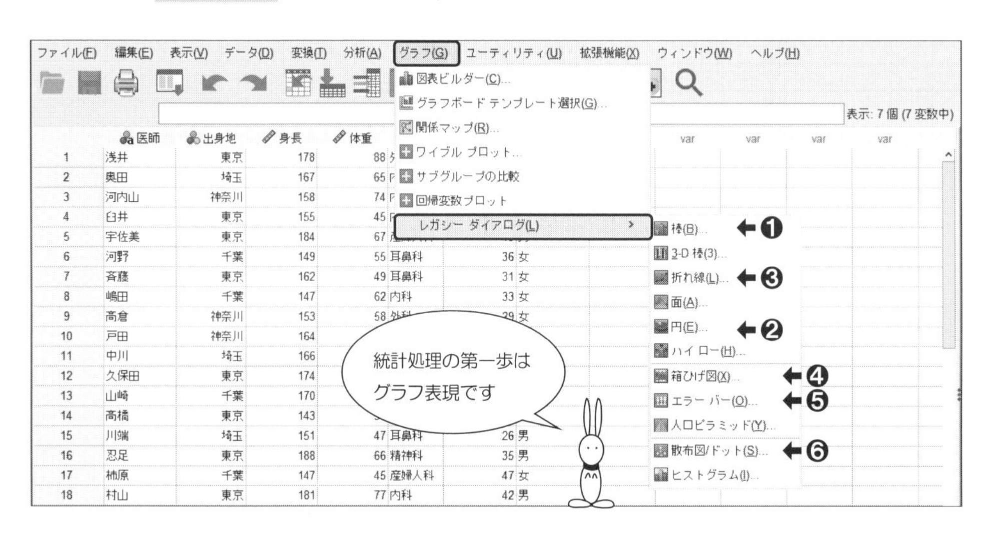

❸ 折れ線グラフ
折れ線グラフ
単純
多重
ドロップライン
図表内のデータ
グループごとの集計(G)
変数ごとの集計(V)
各ケースの値(I)
定義(F)
キャンセル
ヘルプ
折れ線グラフは
変化の様子を表すのに
適しています
❹ 箱ひげ図
箱ひげ図
単純
クラスタ
図表内のデータ
グループごとの集計(G)
変数ごとの集計(V)
定義(F)
キャンセル
ヘルプ
箱ひげ図は
最小値・中央値・最大値
などを表します

❺ エラーバー
エラー バー
単純
クラスタ
図表内のデータ
グループごとの集計(G)
変数ごとの集計(V)
定義(F)
エラーバーでは
母平均の信頼区間や
標準偏差・標準誤差など
を表します
❻ 散布図／ドット
散布図/ドット
単純な散布
行列散布
シンプル
ドット
オーバーレイ散布
3-D
散布図
定義(F)
キャンセル
ヘルプ
2つの変数の
関係を見たいときは
散布図が適しています
相関係数とは
“密な関係”です
p.110, 118 参照

Section 3.1 グラフ作りのテクニック！——手順の選択が適切なとき

次のデータを使って，棒グラフの練習をしましょう．

このデータは，1章で入力したデータです．

表 3.1　医師のフェイスシート

	医師	出身地	身長	体重	所属	年齢	性別	var
1	浅井	東京	178	88	外科	29	男	
2	奥田	埼玉	167	65	内科	35	男	
3	河内山	神奈川	158	74	内科	41	男	
4	臼井	東京	155	45	内科	36	女	
5	宇佐美	東京	184	67	産婦人科	43	男	
6	河野	千葉	149	55	耳鼻科	36	女	
7	斉藤	東京	162	49	耳鼻科	31	女	
8	嶋田	千葉	147	62	内科	33	女	
9	高倉	神奈川	153	58	外科	29	女	
10	戸田	神奈川	164	63	産婦人科	48	女	
11	中川	埼玉	166	45	耳鼻科	31	女	
12	久保田	東京	174	79	内科	43	男	
13	山崎	千葉	170	76	外科	38	男	
14	高橋	東京	143	51	外科	27	女	
15	川端	埼玉	151	47	耳鼻科	26	男	
16	忍足	東京	188	66	精神科	35	男	
17	柿原	千葉	147	45	産婦人科	[illegible]	[illegible]	
18	村山	東京	181	77	内科	[illegible]	[illegible]	
19	長谷川	神奈川	168	90	産婦人科	[illegible]	[illegible]	
20	鈴木	神奈川	175	81	外科	[illegible]	[illegible]	
21	中沢	埼玉	158	50	内科	[illegible]	[illegible]	
22	小川	千葉	156	48	精神科	[illegible]	[illegible]	
23	子島	東京	176	73	外科	[illegible]	[illegible]	
24	佐藤	埼玉	161	63	精神科	[illegible]	[illegible]	
25	桃井	千葉	165	49	内科	29	女	
26								

知りたいことは……

- 所属 の棒グラフは，どのようになるのでしょうか？

【棒グラフの描き方】

手順 1　グラフ(G) のメニューの中から レガシーダイアログ(L) を選び，

サブメニューから 棒(B) を選択します．

ファイル(F)　編集(E)　表示(V)　データ(D)　変換(T)　分析(A)　グラフ(G)　ユーティリティ(U)　拡張機能(X)　ウィンドウ(W)　ヘルプ(H)

図表ビルダー(C)...
グラフボード テンプレート選択(G)...
関係マップ(R)...
ワイブル プロット...
サブグループの比較
回帰変数プロット
レガシー ダイアログ(L) ›

棒(B)...
3-D 棒(3)...
折れ線(L)...
面(A)...
円(E)...
ハイ ロー(H)...
箱ひげ図(X)...

	医師	出身地	身長	体重				var	var	va
1	浅井	東京	178	88						
2	奥田	埼玉	167	65						
3	河内山	神奈川	158	74						
4	臼井	東京	155	45						
5	宇佐美	東京	184	67						
6	河野	千葉	149	55	耳鼻科	36	女			
7	斉藤	東京	162	49	耳鼻科	31	女			
8	嶋田	千葉	147	62	内科	33	女			
9	高倉	神奈川	153	58	外科	29	女			
10	戸田	神奈川	164	63	産婦人科	48	女			
11	中川	埼玉	166	45	耳鼻科	31	女			
12	久保田	東京	174	79	内科	43	男			

手順 2　次の棒グラフの画面になったら，単純 を選び，図表内のデータ から，

グループごとの集計(G) を選びます．そして，定義(F) をクリック．

手順 3 次の画面になったら，所属を カテゴリ軸(X) へ移動．

棒の表現内容 を見ると，いろいろな場合があります．

そこで， ケースの数(N) が選択されていることを確認して， OK ．

単純棒グラフの定義: グループごとの集計

医師
出身地
身長
体重
年齢
性別

棒の表現内容
◉ケースの数(N)　○ケースの %(A)
○累積度数(C)　○累積 %(M)
○その他の統計量 (例: 平均値)(S)
変数:
統計量の変更(H)...
カテゴリ軸(X):
所属
パネル
行(W):
変数を入れ子にする (空白行なし)(E)
列(L):
変数を入れ子にする (空白列なし)(I)
テンプレート
指定された図表を使用(U):
ファイル(F)...
表題(T)...
オプション(O)...
OK　貼り付け(P)　戻す(R)　キャンセル　ヘルプ

変数ビューの尺度のところで

名義 …………

順序 …………

スケール ……

をチェックしましょう

	名前	配置	尺度
1	医師		名義
2	出身地		名義
3	身長		スケール
4	体重		スケール
5	所属		名義
6	年齢		スケール
7	性別		名義
8			

【SPSS による出力】— 棒グラフ —

次のように棒グラフが出力されました.

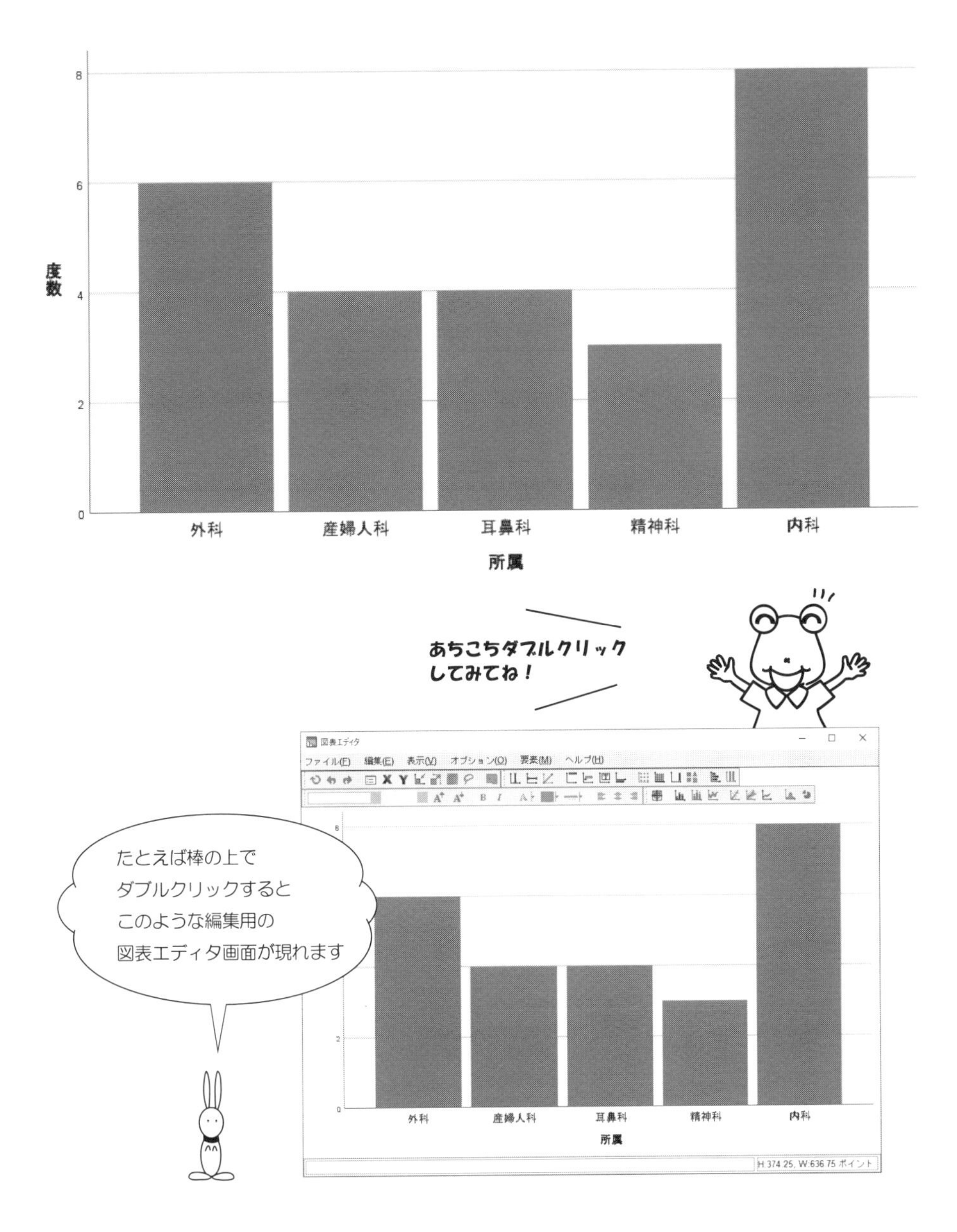

Section 3.2　グラフ作りのテクニック？——手順の選択が不適切だと……

ところで，p.43 手順 2 の棒グラフのところで

各ケースの値(I)

を選択すると，どうなるのでしょうか？

【不適切な棒グラフの描き方】

手順 2　次の画面で 各ケースの値(I) を選び， 定義 をクリック．

・手順の選択が適切な場合　⇒ p.49

手順 3 次の画面になったら，身長を，**棒の表現内容(B)** へ移動して

OK をクリックすると……

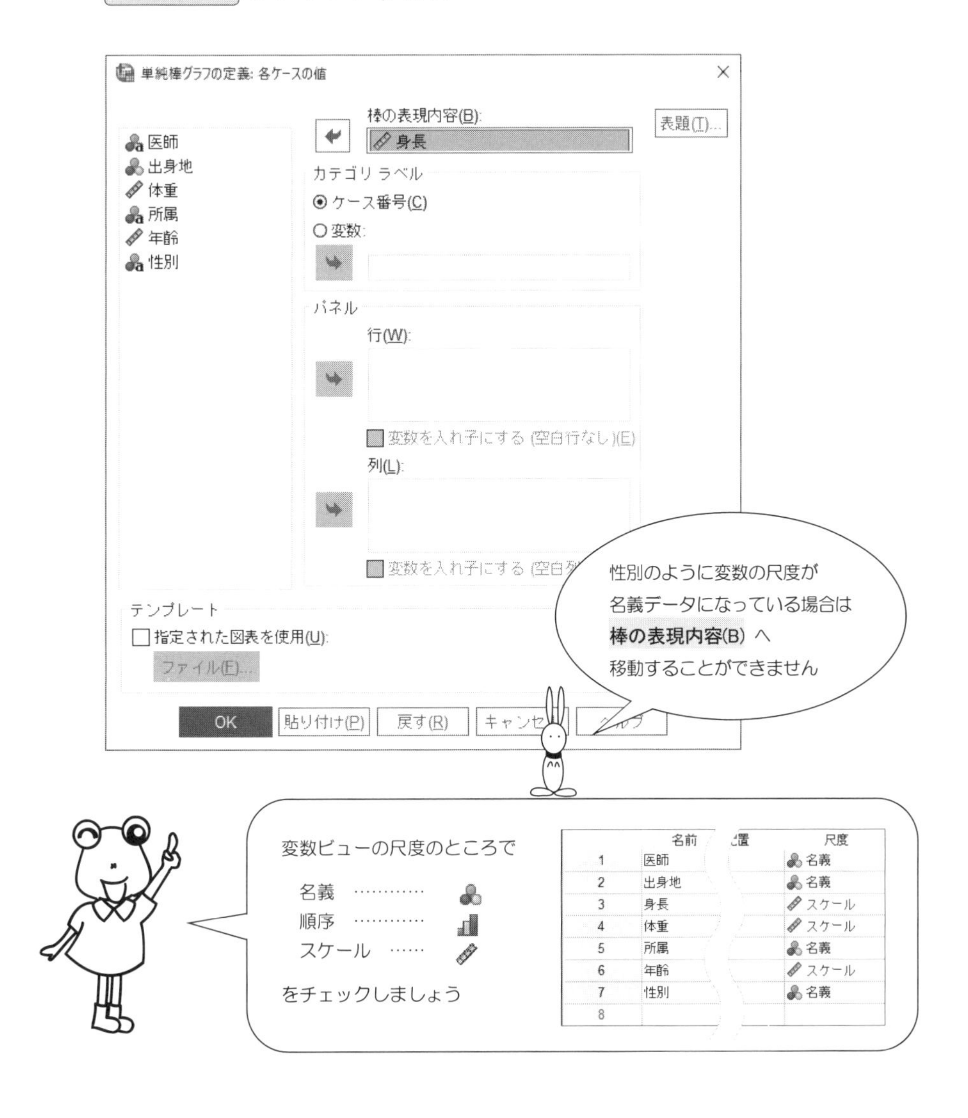

【SPSS による出力】— 不適切な棒グラフ —

次のように棒グラフが出力されます.

でも……?

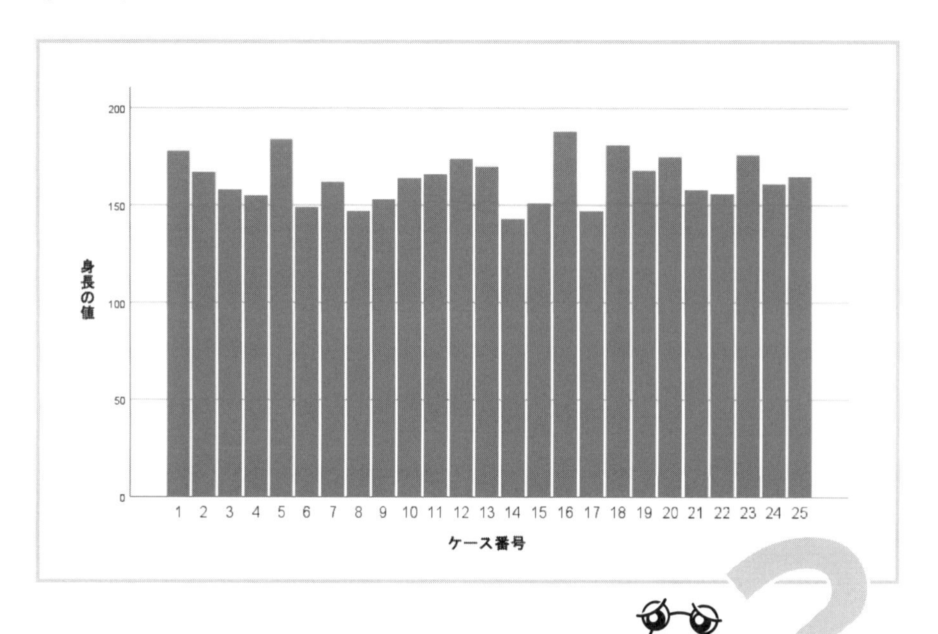

ヘンな棒グラフができましたね.

この棒は, お医者さんの身長そのものです.

つまり, このデータの場合, 各ケースの値(I) を選択するのは不適切だったということです!!

次のデータは，医療関係従事者数です．

表 3.2　医療関係従事者数

No.	地域名	医師の人数	看護師の人数
1	A	3057 人	11576 人
2	B	2792 人	9131 人
3	C	2869 人	10140 人
4	D	5873 人	20964 人
5	E	5685 人	19731 人
6	F	25492 人	57280 人
7	G	10663 人	30372 人

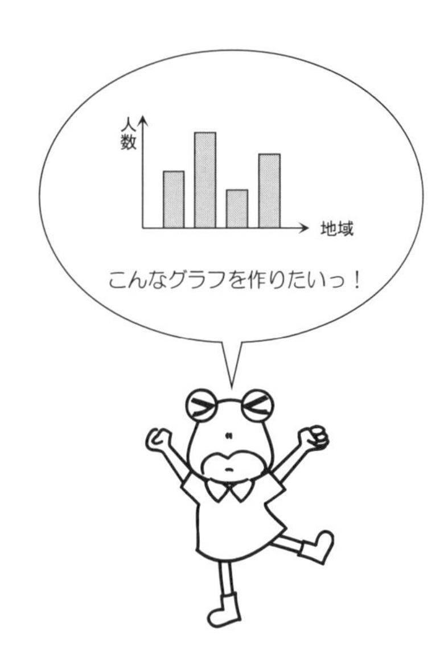

次のように SPSS のデータファイルに入力します．

ファイル(F)　編集(E)　表示(V)　データ(D)　変換(T)　分析(A)　グラフ(G)　ユーティリティ(U)　拡張機能(X)　ウィ

	地域名	医師の人数	看護師の人数	var	var	var	var	var
1	A	3057	11576					
2	B	2792	9131					
3	C	2869	10140					
4	D	5873	20964					
5	E	5685	19731					
6	F	25492	57280					
7	G	10663	30372					
8	↑	↑						
9	各ケース	各ケースの値						
10								
11								
12								

【適切な棒グラフの描き方】

このデータの場合も，p.43 手順 **2** の棒グラフの画面で

各ケースの値(I) ⇨ 定義 を選択してみましょう．

次の画面になったら，**医師の人数**と**地域名**をそれぞれ移動します．

あとは OK をマウスでカチッ！

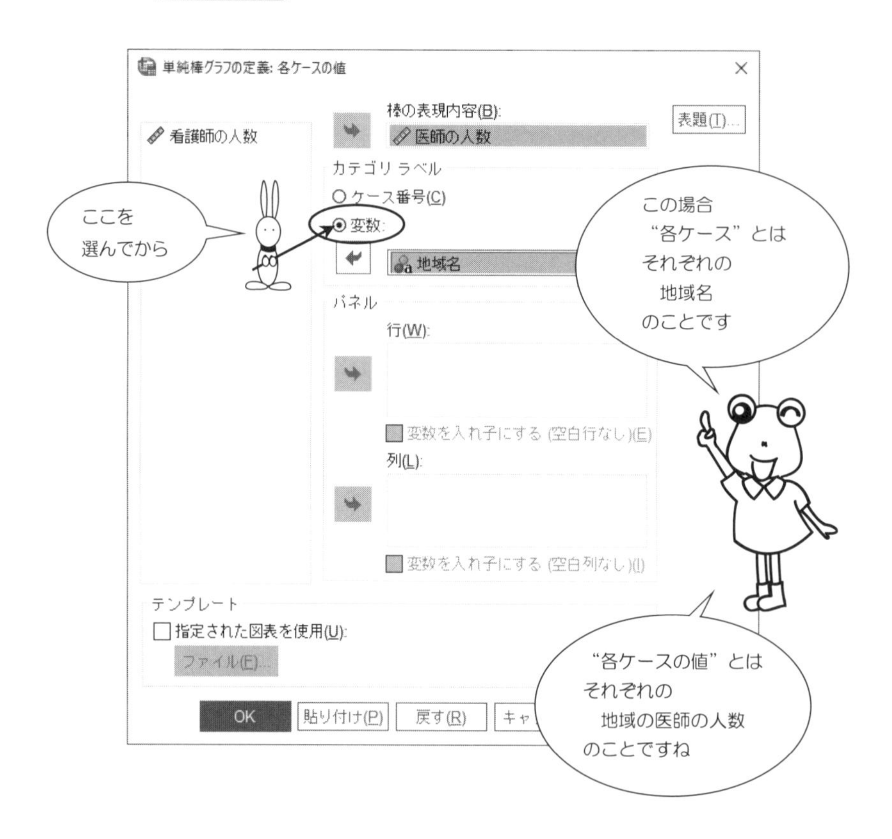

【SPSS による出力】— 適切な棒グラフ —

次のように棒グラフが出力されます．

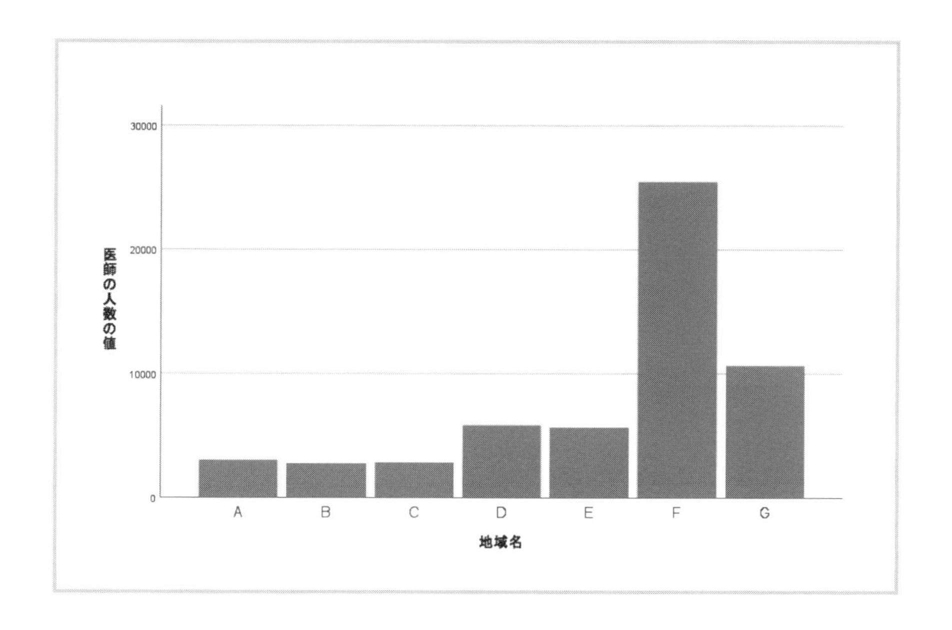

Section 3.3 箱ひげ図って，なに？　エラーバーって，なに？

表 3.1 のデータを使って，箱ひげ図とエラーバーを作ってみましょう．

	医師	出身地	身長	体重	所属	年齢	性別	var
1	浅井	東京	178	88	外科	29	男	
2	奥田	埼玉	167	65	内科	35	男	
3	河内山	神奈川	158	74	内科	41	男	
4	臼井	東京	155	45	内科	36	女	
5	宇佐美	東京	184	67	産婦人科	43	男	
6	河野	千葉	149	55	耳鼻科	36	女	
7	斉藤	東京	162	49	耳鼻科	31	女	
8	嶋田	千葉	147	62	内科	33	女	
9	高倉	神奈川	153	58	外科	29	女	
10	戸田	神奈川	164	63	産婦人科	48	女	
11	中川	埼玉	166	45	耳鼻科	31	女	
12	久保田	東京	174	79	内科	43	男	
13	山崎	千葉	170	76	外科	38	男	
14	高橋	東京	143	51	外科	27	女	
15	川端	埼玉	151	47	耳鼻科	26	男	
16	忍足	東京	188	66	精神科	35	男	
17	柿原	千葉	147	45	産婦人科	47	女	
18	村山	東京	181	77	内科	42	男	
19	長谷川	神奈川	168	90	産婦人科	39	男	
20	鈴木	神奈川	175	81	外科	52	男	
21	中沢	埼玉	158	50	内科	44	女	
22	小川	千葉	156	48	精神科	37	女	
23	子島	東京	176	73	外科	48	男	
24	佐藤	埼玉	161	63	精神科	31	男	
25	桃井		165	49	内科	29	女	
26								
27								

箱ひげ図は
何種類もあるので
ここでは基本の箱ひげ図を
作ります

箱ひげ図は
論文などで
よく利用されます

その１　箱ひげ図の作成

手順 1　グラフ(G) のメニューから，レガシーダイアログ(L) を選び，
サブメニューから，箱ひげ図(X) を選択します．

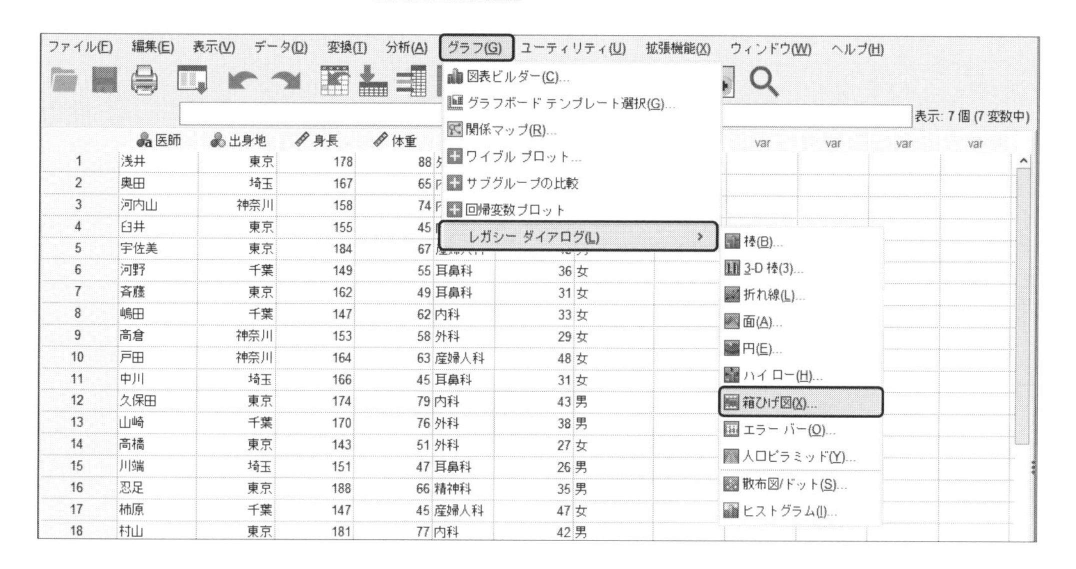

手順 2　単純 を選び，グループごとの集計(G) が選択されていることを確認して，
定義(F) をクリック．

手順 3 たとえば，身長と所属を，次のように右へ移動します．

あとは OK をマウスでカチッ！

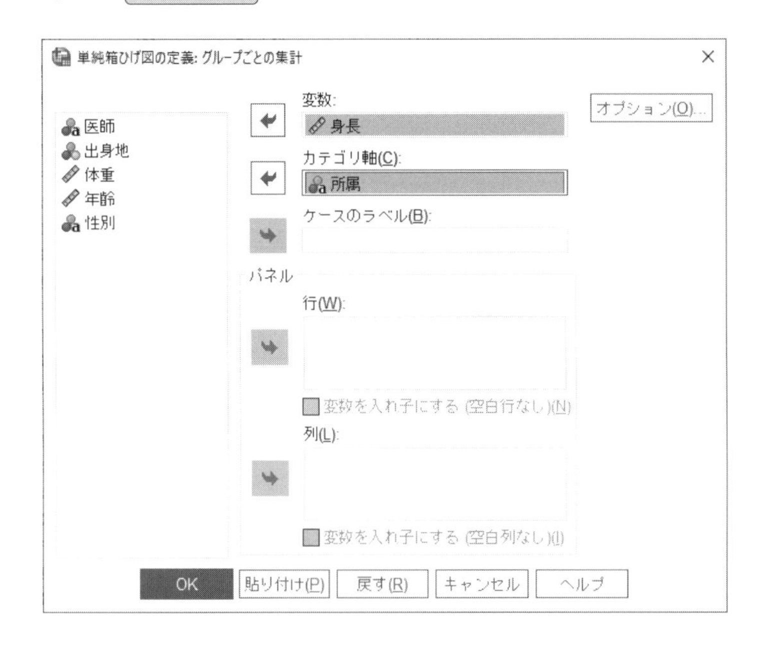

【SPSSによる出力】— 箱ひげ図 —

すると……

たしかに，箱の上下にヒゲが付いています．

これが箱ひげ図です!!

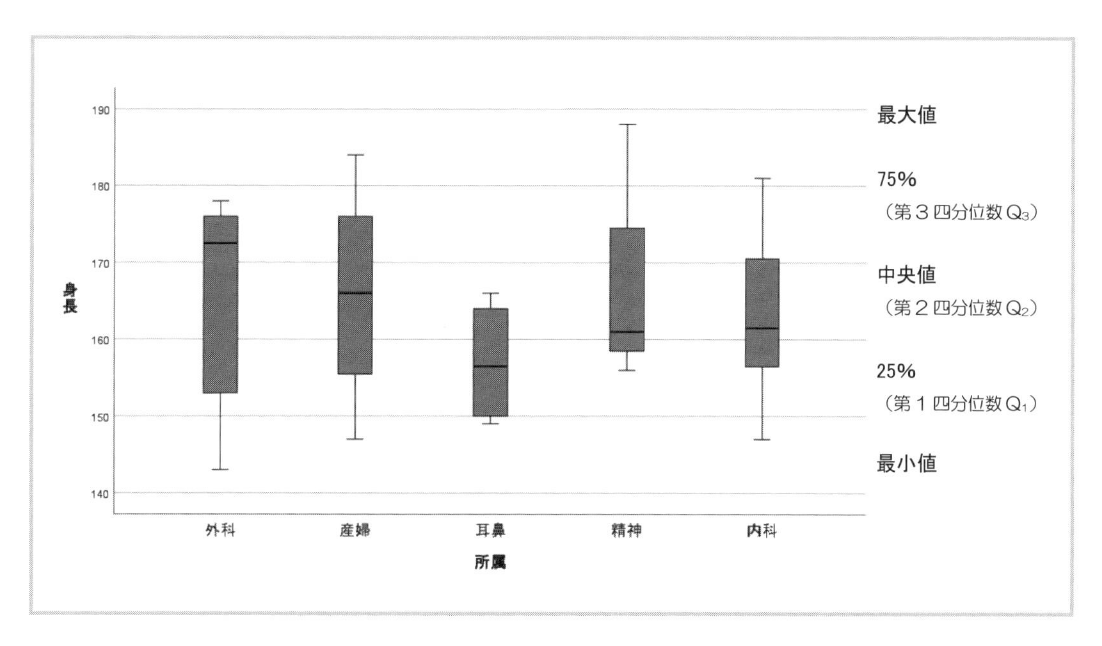

その２　エラーバーの作成

エラーバーって，どんなグラフなのでしょうか？

ともかく，エラーバーを作ってみましょう．

手順 1　グラフ(G) のメニューから レガシーダイアログ(L) を選び，

サブメニューから，エラーバー(O) を選択．

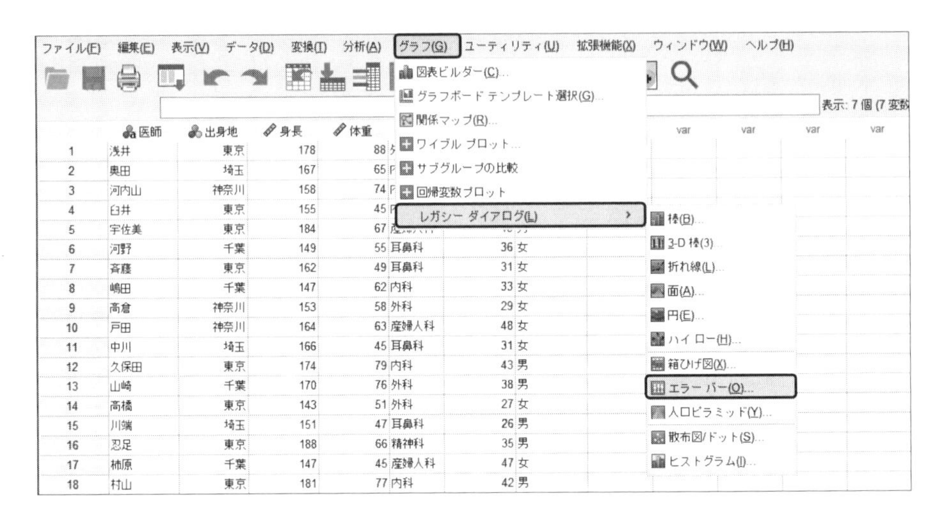

手順 2　単純 と グループごとの集計(G) が

選択されていることを確認したら，

定義(F) をクリック．

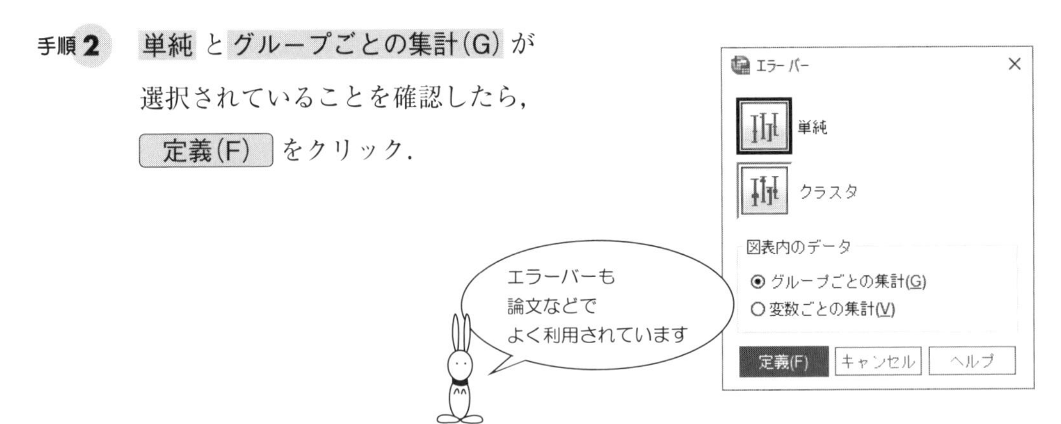

手順 3　たとえば，次のように身長と所属を右へ移動して，

あとは OK をマウスでカチッ！

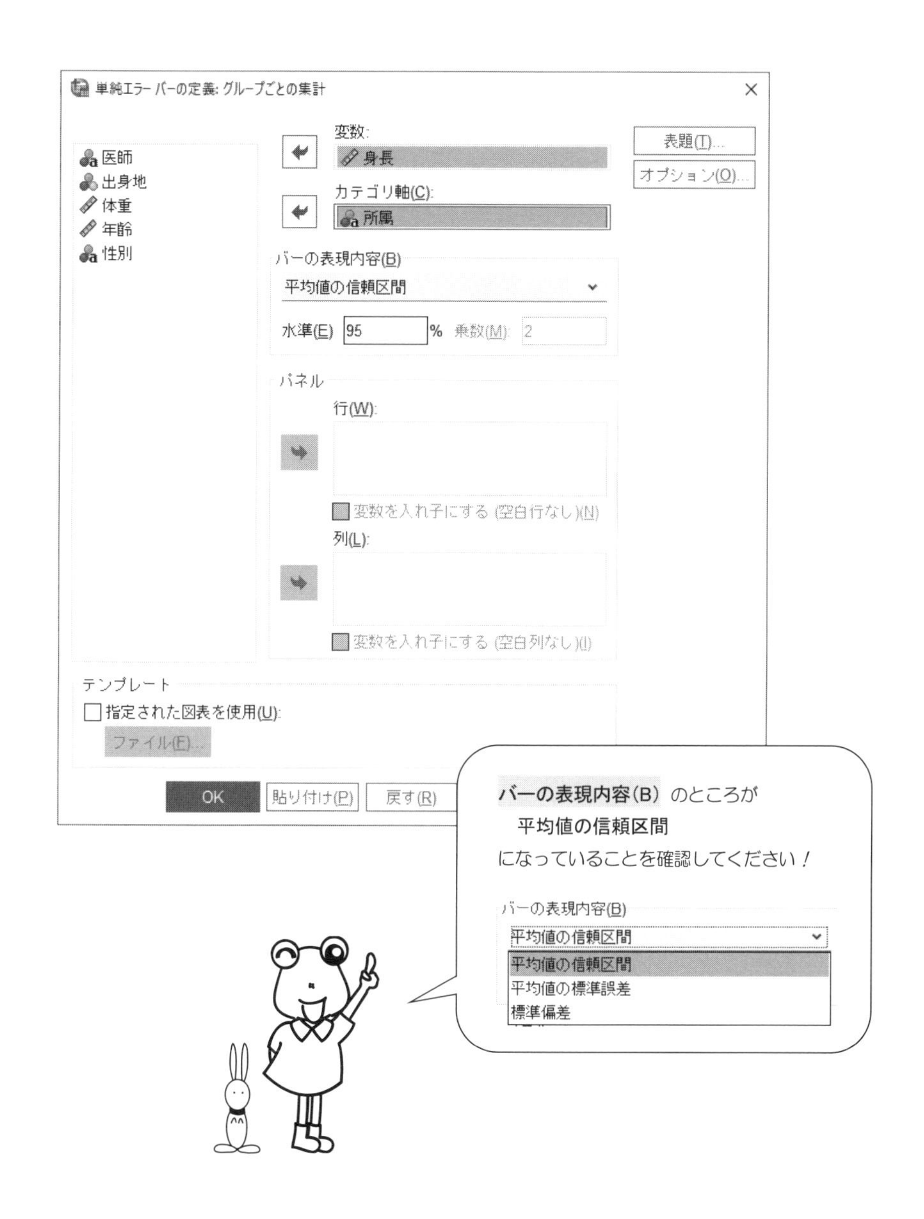

【SPSS による出力】―エラーバー―

すると……

次のようにエラーバーができました.

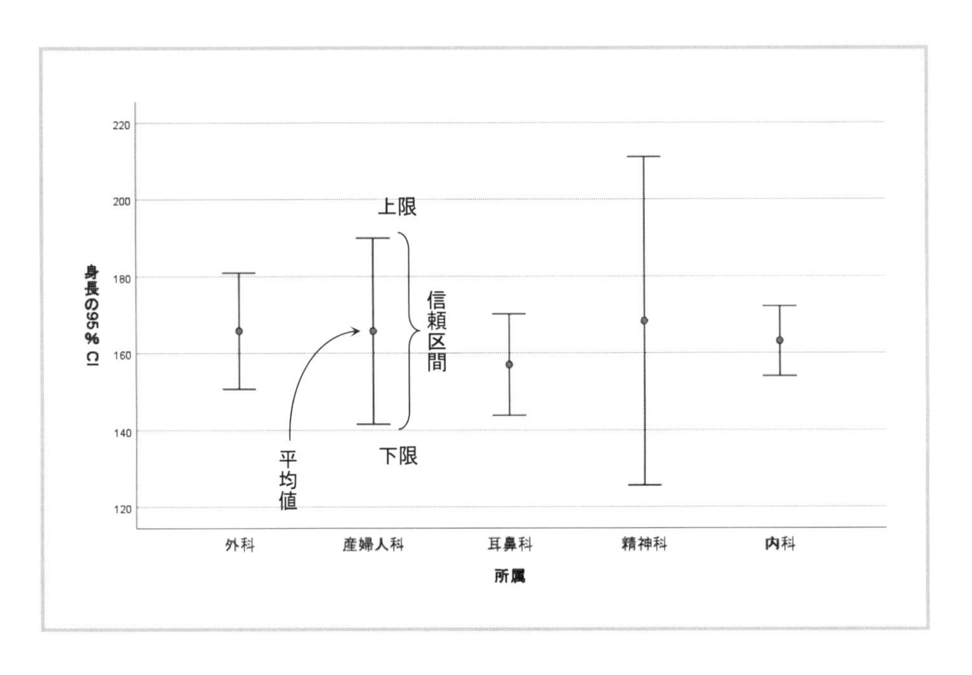

このエラーバーは，各科のお医者さんたちの平均身長を
信頼係数 95%の信頼区間で，グラフ表現したものです．

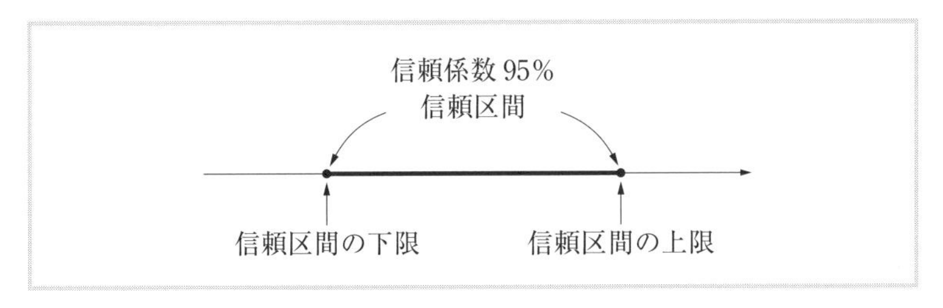

図 3.1　信頼係数 95%の信頼区間

この図 3.1 を左に 90° 回転すると……

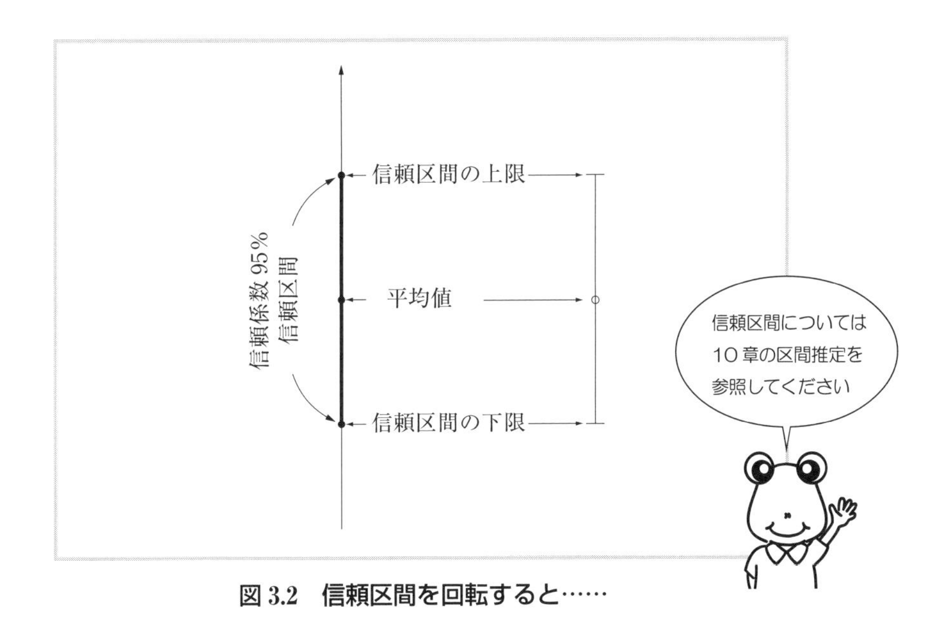

図 3.2　信頼区間を回転すると……

Section 3.4　図表ビルダーでグラフを描くときは？

グラフ(G) の中には，次のようなメニューがあります．

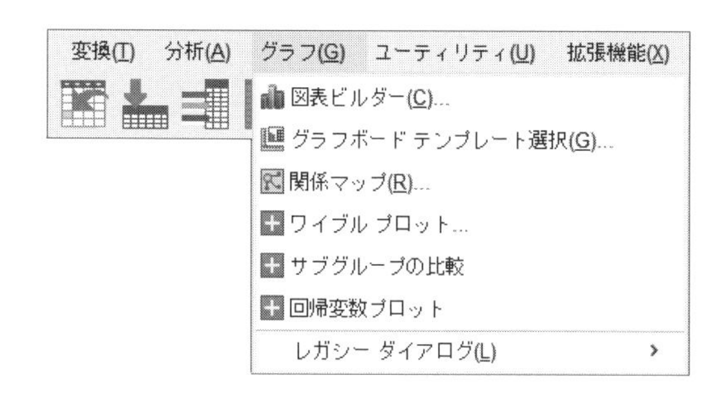

そこで 図表ビルダー(C) を使って，棒グラフを描いてみましょう．

【図表ビルダーによる棒グラフの描き方】

手順 1　グラフ(G) のメニューから，図表ビルダー(C) を選択します．

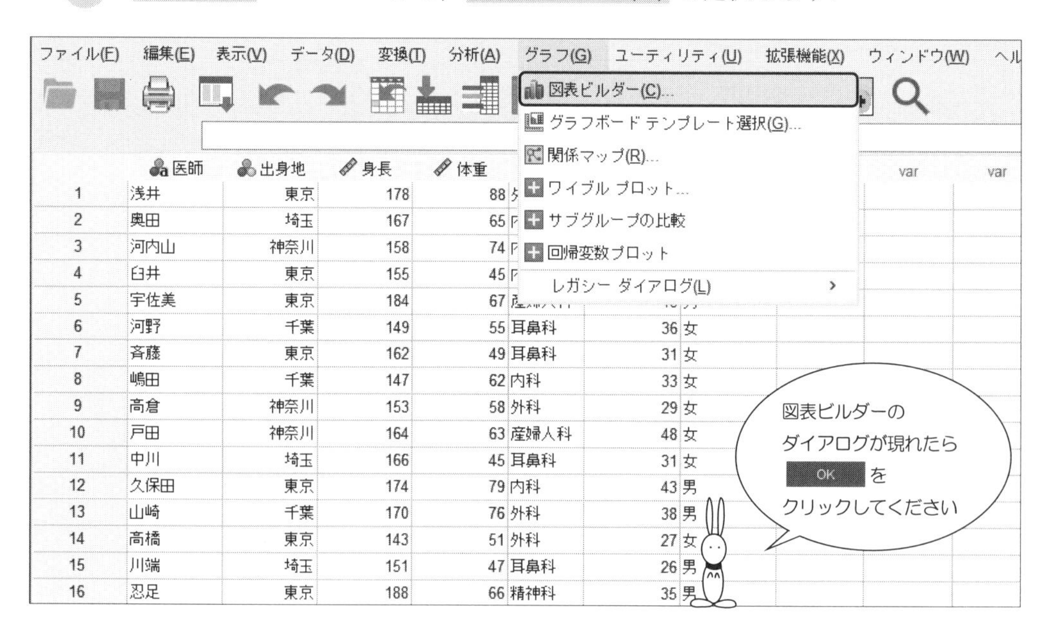

手順 **2**　ギャラリ をクリックすると，いろいろな図が選べるので

ここでは 棒グラフ を選択します．

グラフのタイプを決めたら，画面右上のワクにドラッグします．

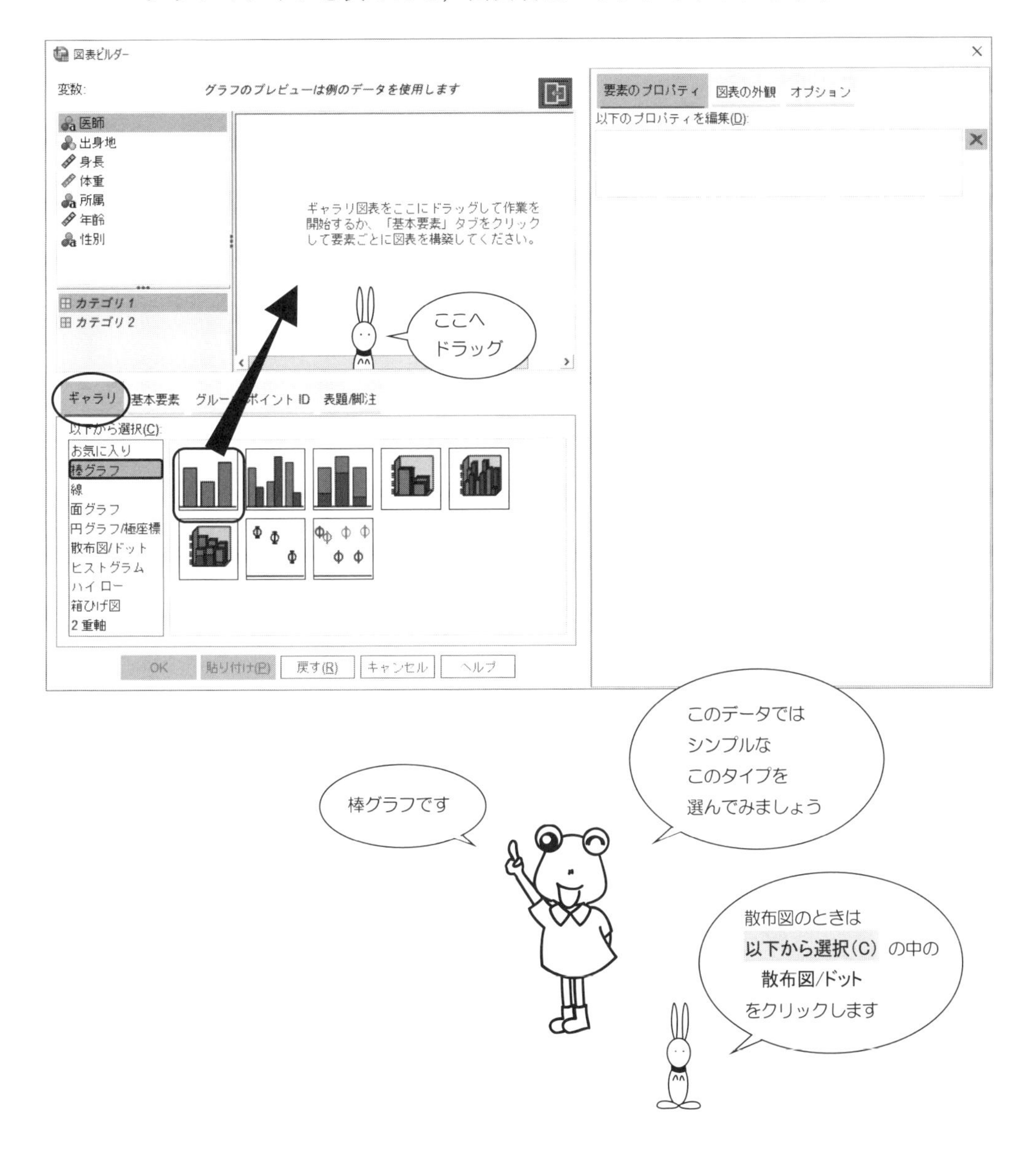

手順 3 変数 の中から所属を次のように横軸にマウスで移動して，

あとは OK をマウスでカチッ！

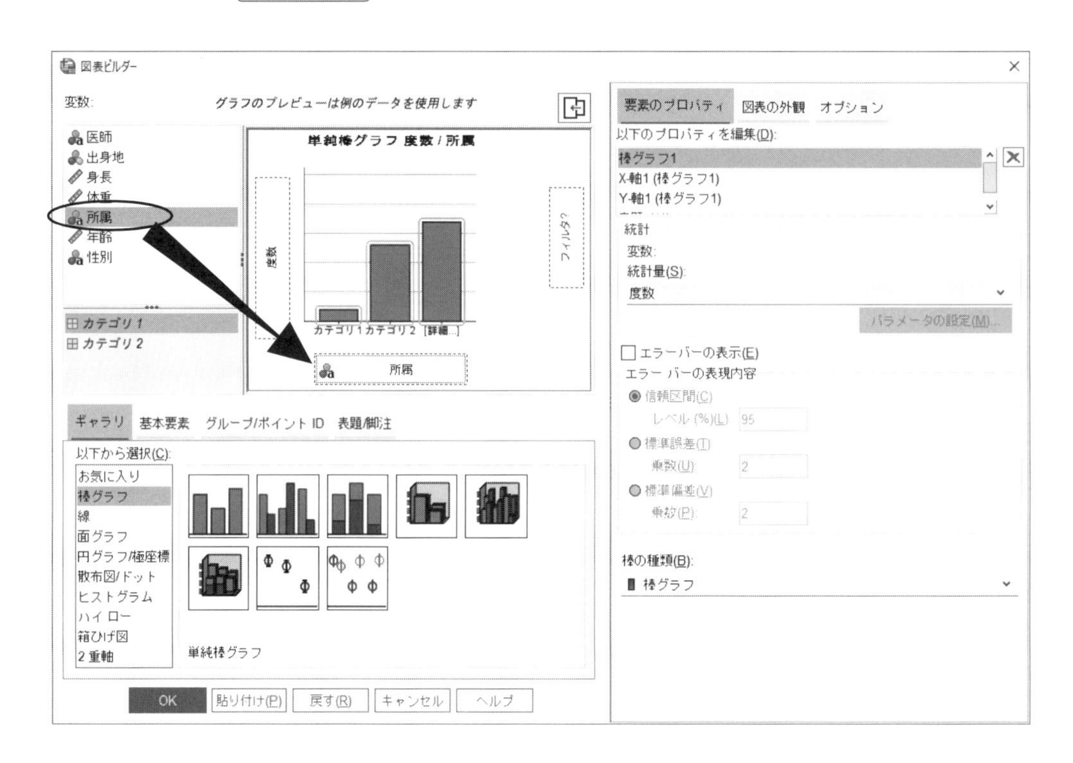

【SPSS による出力】— 図表ビルダーの棒グラフ —

次のように棒グラフが出力されます.

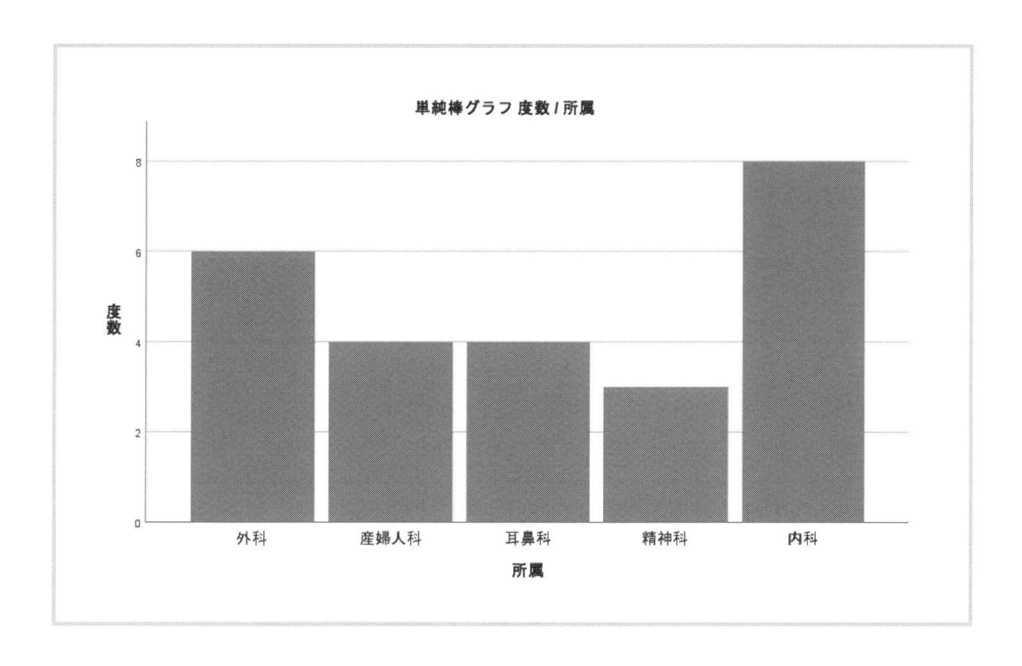

Section 3.5 グラフボードテンプレートでグラフを描く手順

グラフ(G) の中には，次のようなメニューがあります．

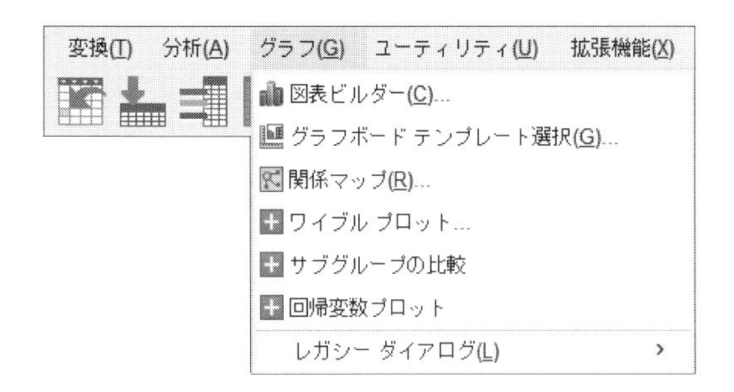

そこで グラフボード テンプレート選択(G) を使って，

棒グラフを描いてみましょう．

【グラフボードテンプレートによる棒グラフの描き方】

手順 1 グラフ(G) のメニューから， グラフボード テンプレート選択(G) を

クリックして……

ファイル(F) 編集(E) 表示(V) データ(D) 変換(T) 分析(A) グラフ(G) ユーティリティ(U) 拡張機能(X) ウィンドウ(W) ヘル

図表ビルダー(C)...
グラフボード テンプレート選択(G)...
関係マップ(R)...
ワイブル プロット...
サブグループの比較
回帰変数プロット
レガシー ダイアログ(L)

	医師	出身地	身長	体重				var	var
1	浅井	東京	178	88					
2	奥田	埼玉	167	65					
3	河内山	神奈川	158	74					
4	臼井	東京	155	45					
5	宇佐美	東京	184	67					
6	河野	千葉	149	55	耳鼻科	36	女		
7	斉藤	東京	162	49	耳鼻科	31	女		
8	嶋田	千葉	147	62	内科	33	女		
9	高倉	神奈川	153	58	外科	29	女		
10	戸田	神奈川	164	63	産婦人科	48	女		
11	中川	埼玉	166	45	耳鼻科	31	女		

手順2 所属をクリックすると，右側にいくつかのグラフが現れます．

各科に所属している人数の棒グラフを描きたいので

ビン度数の棒 をクリックします．

あとは， OK をマウスでカチッ！

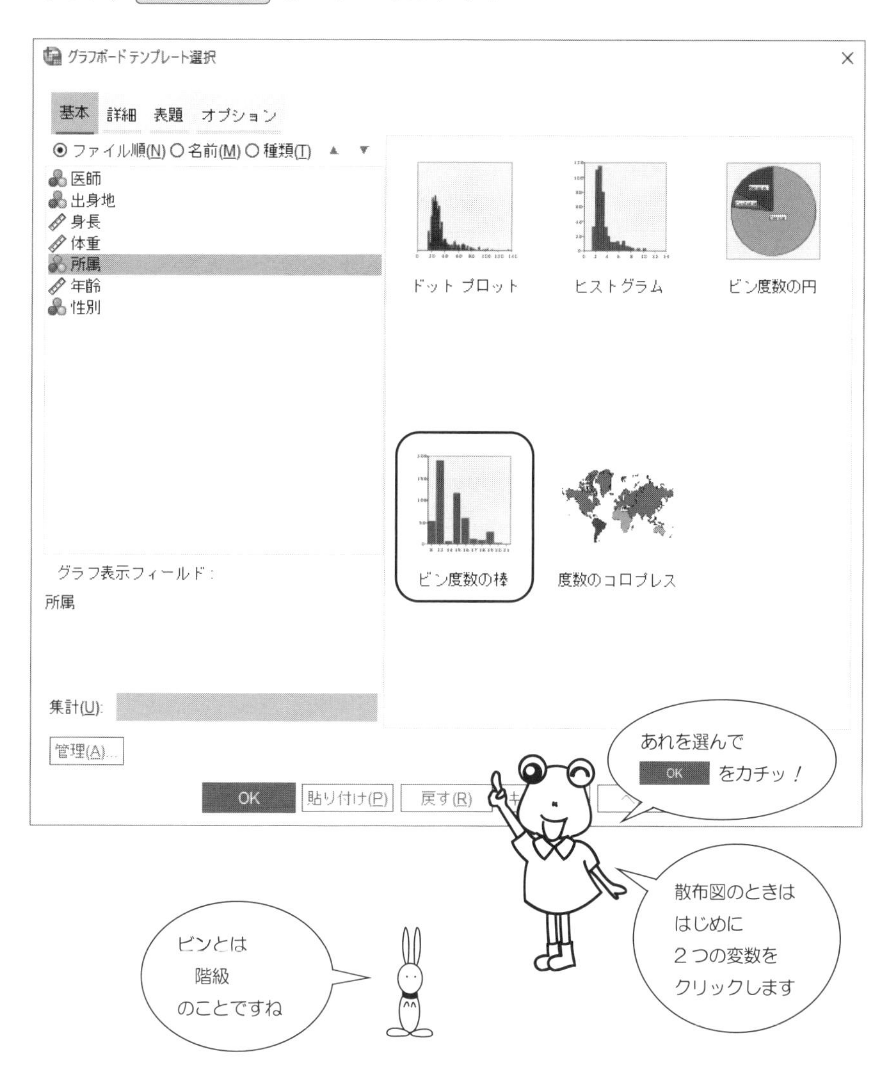

【SPSS による出力】— グラフボードテンプレートの棒グラフ —

次のように棒グラフが出力されます.

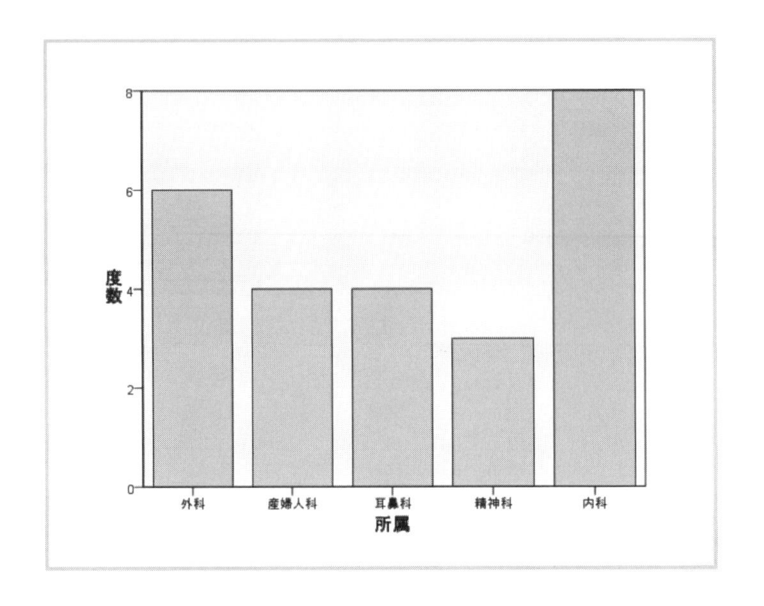

演　習

3

問題 3.1　次のデータは，5か国の農業人口についての調査結果です．
農業人口の棒グラフを作ってください．

表 3.3　いろいろな国の年齢別農業人口

国名	農業人口	～29歳	30歳～59歳	60歳～
A	1984	704	802	478
B	2659	1221	994	444
C	1730	567	670	493
D	2137	831	853	453
E	2320	981	893	446

問題 3.2　次のデータは，歯学部学生と薬学部学生の親の職業について調査したものです．
歯学部学生の親の職業の円グラフを作ってください．

表 3.4　歯学部と薬学部学生の親の職業別割合

親の職業	歯学部学生	薬学部学生
医師・歯科医師	391	42
公務員	57	115
会社員	47	249
会社役員	105	40
自家営業	163	190
その他	49	68
合計	812	704

図表内のデータ
○ グループごとの集計(G)
○ 変数ごとの集計(V)
◉ 各ケースの値(I)

(注) 問題 3.1 と問題 3.2 では
各ケースの値（I）を
選んでください

問題 3.3 次のデータは，6年間の月別住宅建設数の調査結果です．
住宅件数の変化を，折れ線グラフで表現してください．

表 3.5　月別住宅建設数

年	月	住宅件数
2005年	1	33
	2	41
	3	62
	4	74
	5	75
	6	83
	7	75
	8	77
	9	76
	10	79
	11	67
	12	69

年	月	住宅件数
2006年	1	55
	2	58
	3	92
	4	116
	5	116
	6	117
	7	108
	8	112
	9	102
	10	103
	11	93
	12	80

年	月	住宅件数
2007年	1	76
	2	76
	3	111
	4	120
	5	135
	6	132
	7	119
	8	131
	9	120
	10	117
	11	97
	12	73

年	月	住宅件数
2008年	1	77
	2	74
	3	105
	4	120
	5	132
	6	115
	7	115
	8	107
	9	85
	10	86
	11	70
	12	47

年	月	住宅件数
2009年	1	43
	2	58
	3	77
	4	102
	5	96
	6	99
	7	91
	8	80
	9	73
	10	69
	11	58
	12	41

年	月	住宅件数
2010年	1	40
	2	40
	3	62
	4	78
	5	93
	6	90
	7	93
	8	91
	9	85
	10	94
	11	72
	12	56

解答 3.1

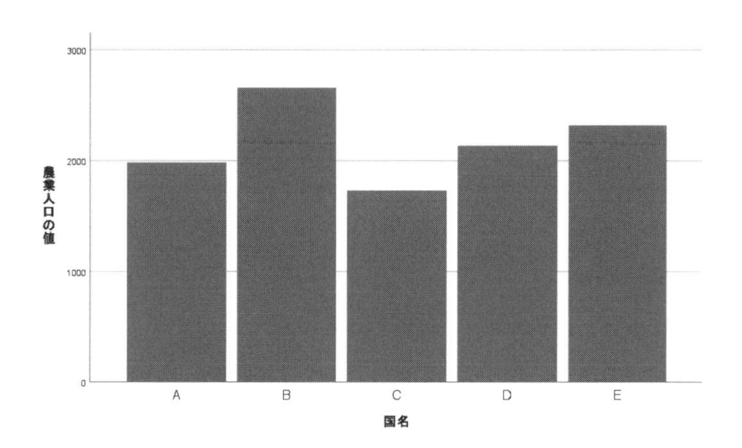

解答 3.2

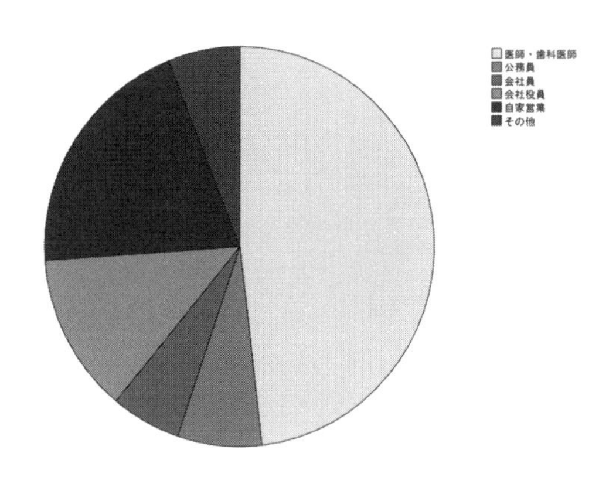

解答 3.3

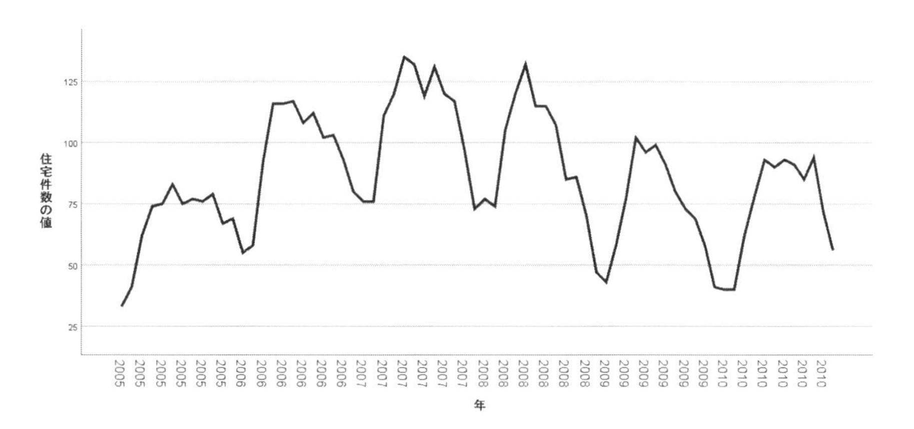

4章 度数分布表とヒストグラムの作成

次のデータは，身長，体重と栄養管理に関するアンケート調査の結果です．

表 4.1　アンケート調査の結果

No.	身長	体重	タンパク質	炭水化物	カルシウム
1	151	48	62	269	494
2	154	44	48	196	473
3	160	48	48	191	361
4	160	52	89	230	838
5	163	58	52	203	268
6	156	58	77	279	615
7	158	62	58	247	573
8	156	52	49	196	346
9	154	45	57	351	607
10	160	55	63	207	494
11	154	54	55	184	319
12	162	47	72	213	545
13	156	43	54	249	471
14	162	53	73	209	726
15	157	54	44	181	249
16	162	64	55	183	647
17	162	47	50	168	372
18	169	61	36	189	196
19	150	38	54	240	449
20	162	48	49	182	363
21	154	47	46	207	356
22	152	58	71	226	568
23	161	46	57	199	522
24	160	47	47	201	403
25	160	45	51	235	487
26	153	40	53	243	421
27	155	40	49	194	375
28	163	55	47	189	286
29	160	62	39	203	401
30	159	50	39	157	373
31	164	50	50	178	388
32	158	46	46	223	337
33	150	45	43	239	349
34	155	49	32	120	324

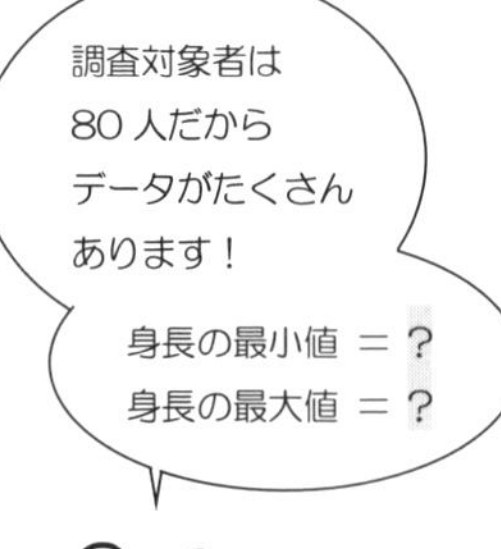

No.	身長	体重	タンパク質	炭水化物	カルシウム
35	157	53	52	220	349
36	161	57	71	245	596
37	168	60	59	198	510
38	162	55	49	204	345
39	153	47	58	209	411
40	154	50	43	271	271
41	158	53	49	230	338
42	151	46	48	231	416
43	155	50	66	252	551
44	155	45	33	202	276
45	165	50	49	204	373
46	165	51	55	197	354
47	154	48	65	292	753
48	148	48	47	207	404
49	169	55	55	220	553
50	158	54	50	213	428
51	146	43	64	287	600
52	166	63	49	182	383
53	161	53	46	219	273
54	143	42	42	192	322
55	156	46	55	218	497
56	156	69	64	241	474
57	149	47	65	230	510
58	162	48	45	151	319
59	159	50	54	194	390
60	164	55	45	195	278
61	162	45	61	242	584
62	167	49	87	255	789
63	159	51	72	284	716
64	153	51	62	249	489
65	146	44	81	253	776
66	156	58	55	219	290
67	160	53	57	241	625
68	158	48	52	185	404
69	151	46	52	205	261
70	157	48	57	225	475
71	151	43	65	245	703
72	156	50	54	209	323
73	166	58	68	264	657
74	159	49	54	242	563
75	157	50	62	199	417
76	156	47	81	229	780
77	159	47	41	162	225
78	156	52	66	230	644
79	156	47	58	229	499
80	161	50	79	279	827

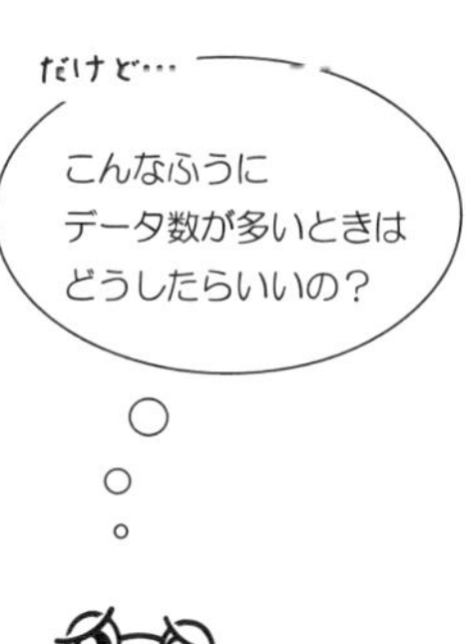

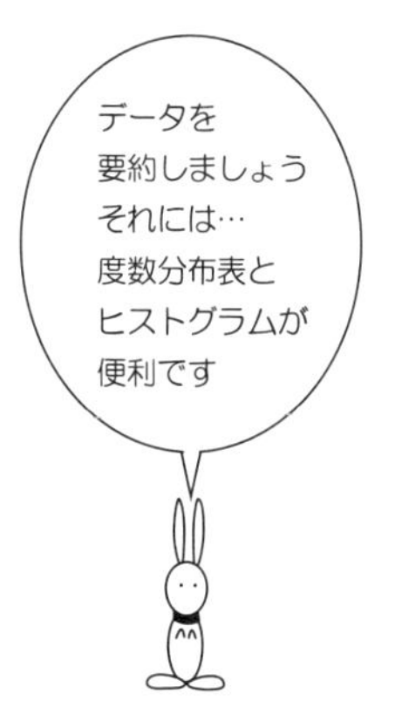

データを要約するために，度数分布表とヒストグラムを作ってみましょう！

【度数分布表】

次の表のことを度数分布表といいます．

表 4.2　基本の度数分布表

階級	階級値	度数	相対度数	累積度数	累積相対度数
$a_0 \sim a_1$	m_1	f_1	$\frac{f_1}{N}$	f_1	$\frac{f_1}{N}$
$a_1 \sim a_2$	m_2	f_2	$\frac{f_2}{N}$	f_1+f_2	$\frac{f_1+f_2}{N}$
$\vdots$	$\vdots$	$\vdots$	$\vdots$	$\vdots$	$\vdots$
$a_{n-1} \sim a_n$	m_n	f_n	$\frac{f_n}{N}$	$f_1+f_2+\cdots+f_n$	$\frac{f_1+\cdots+f_n}{N}$
計		N	1		

【ヒストグラム】

次のグラフのことをヒストグラムといいます．

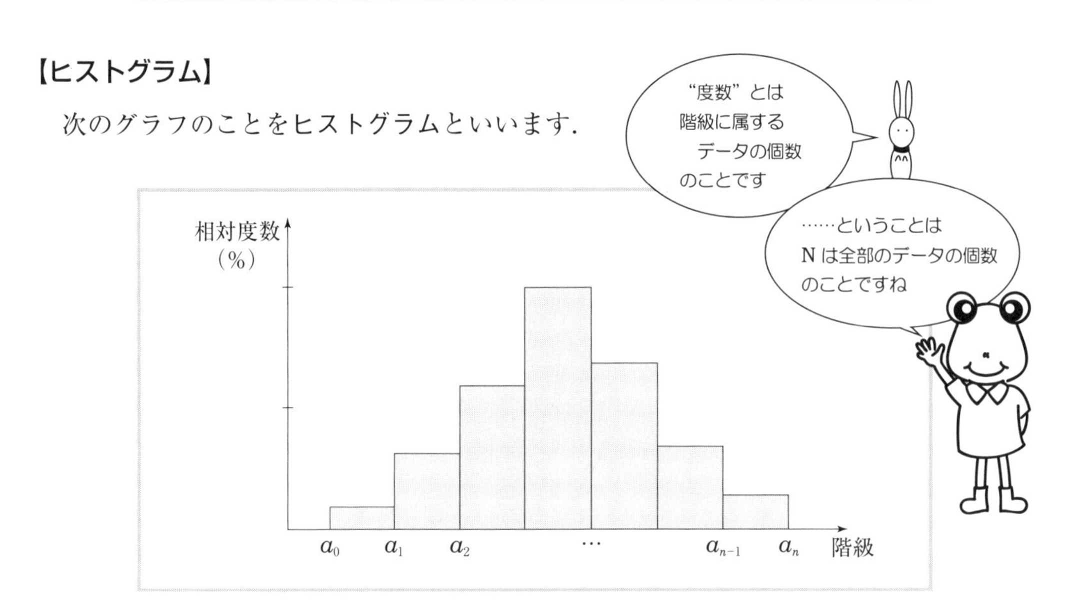

図 4.1　基本のヒストグラム

【度数分布表の階級】

表 4.1 の身長のデータについて，

次のような階級の度数分布表を作ってみましょう．

表 4.3　階級と階級値

階　級	階級値	度数	相対度数
140〜145	142.5	[illegible]	[illegible]
145〜150	147.5	[illegible]	[illegible]
150〜155	152.5	[illegible]	[illegible]
155〜160	157.5	[illegible]	[illegible]
160〜165	162.5	[illegible]	[illegible]
165〜170	167.5	[illegible]	[illegible]

ところで，このときちょっと気になることがあります．

身長 155cm の人は，次のどちらに属するのでしょうか？

150〜155？　または　155〜160？

SPSS では、次のようになります

階級	階級値
150 < データ ≦ 155	152.5
155 < データ ≦ 160	157.5

Section 4.1　度数分布表の作り方？

度数分布表を作るには，とりあえず

分析(A) ⇨ 記述統計(E) ⇨ 度数分布表(F)

を選択してみましょう !!

表 4.1 のデータを
入力したら…

手順 **1**　分析(A) のメニューから，記述統計(E) ⇨ 度数分布表(F) を選択．

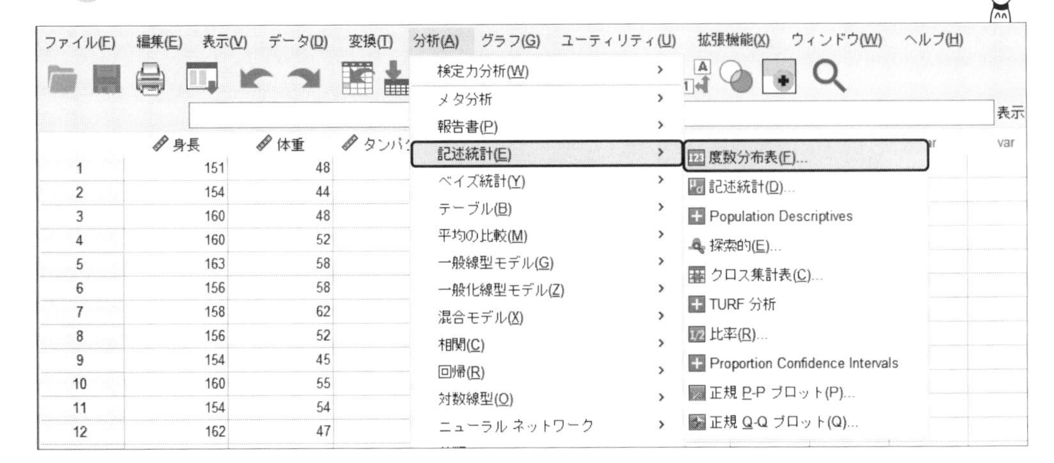

手順 **2**　身長を 変数(V) のワクへ移動して，OK ！

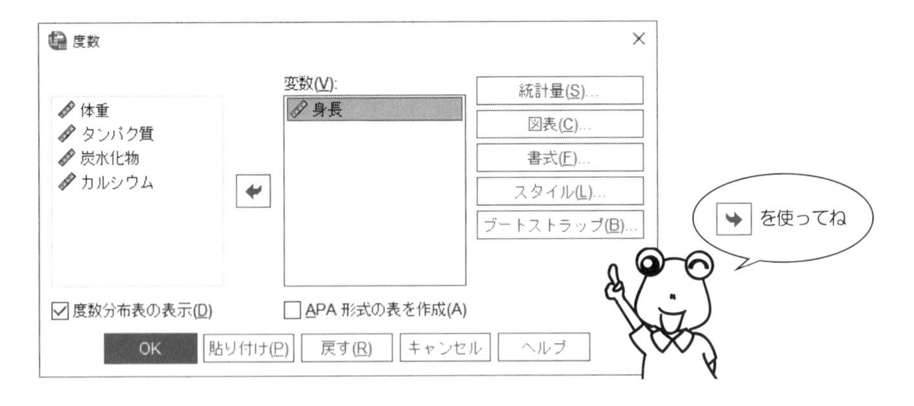

【SPSS による出力】— 度数分布表？ —

すると，……

次のようなタテにながーい度数分布表になります．

身長

		度数	パーセント	有効パーセント	累積パーセント
有効	143	1	1.3	1.3	1.3
	146	2	2.5	2.5	3.8
	148	1	1.3	1.3	5.0
	149	1	1.3	1.3	6.3
	150	2	2.5	2.5	8.8
	151	4	5.0	5.0	13.8
	152	1	1.3	1.3	15.0
	153	3	3.8	3.8	18.8
	154	6	7.5	7.5	26.3
	155	4	5.0	5.0	31.3
	156	10	12.5	12.5	43.8
	157	4	5.0	5.0	48.8
	158	5	6.3	6.3	55.0
	159	5	6.3	6.3	61.3
	160	7	8.8	8.8	70.0
	161	4	5.0	5.0	75.0
	162	8	10.0	10.0	85.0
	163	2	2.5	2.5	87.5
	164	2	2.5	2.5	90.0
	165	2	2.5	2.5	92.5
	166	2	2.5	2.5	95.0
	167	1	1.3	1.3	96.3
	168	1	1.3	1.3	97.5
	169	2	2.5	2.5	100.0
	合計	80	100.0	100.0	

もっと見やすくするために
右のように
値を再割り当てします

今までの値		新しい値
140.1 から 145	→	142.5
145.1 から 150	→	147.5
150.1 から 155	→	152.5
155.1 から 160	→	157.5
160.1 から 165	→	162.5
165.1 から 170	→	167.5

Section 4.2 度数分布表の作り方！

手順 1 変換(T) のメニューから，他の変数への値の再割り当て(R) を選択します．

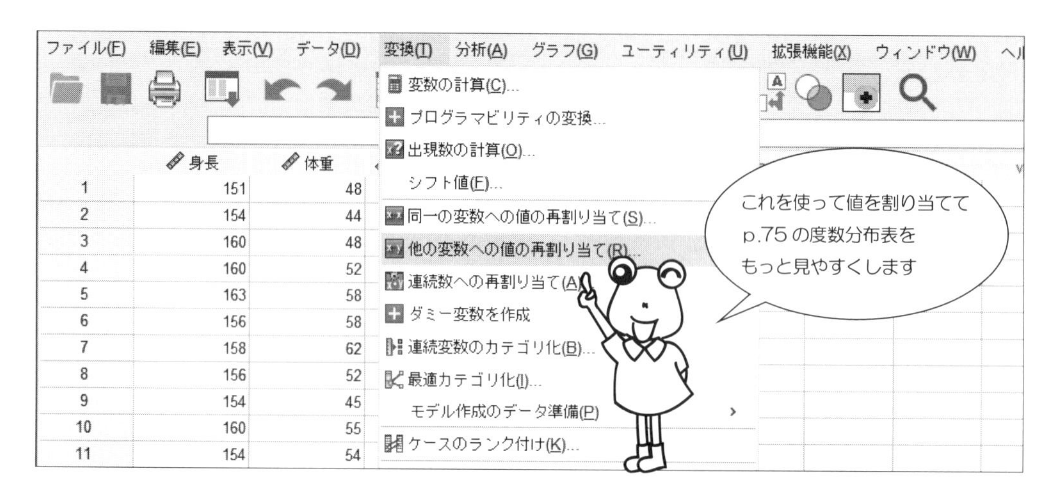

手順 2 すると，次の画面が現れます．

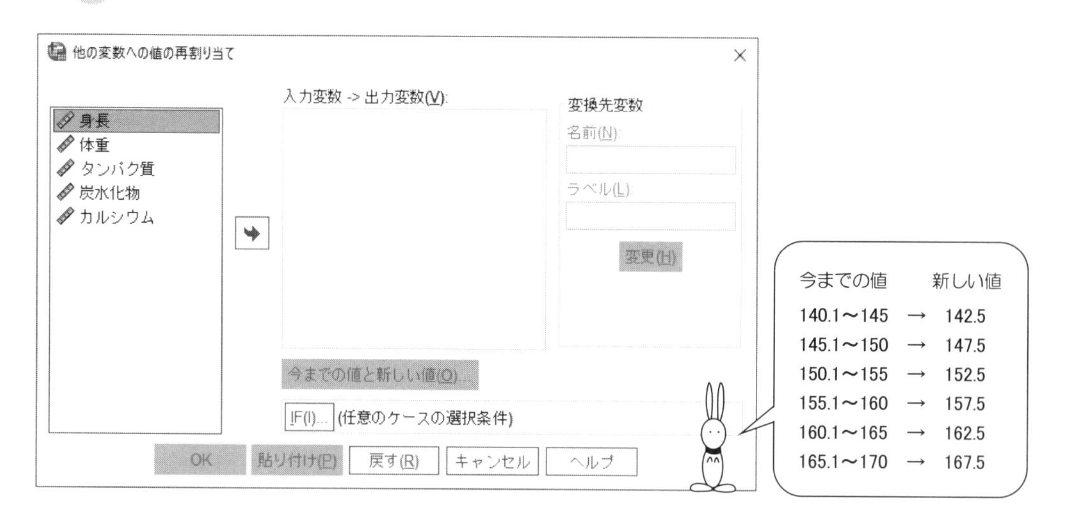

手順 3　身長を次のように移動し，変換先変数 の 名前(N) のところに 身長１ と入力.

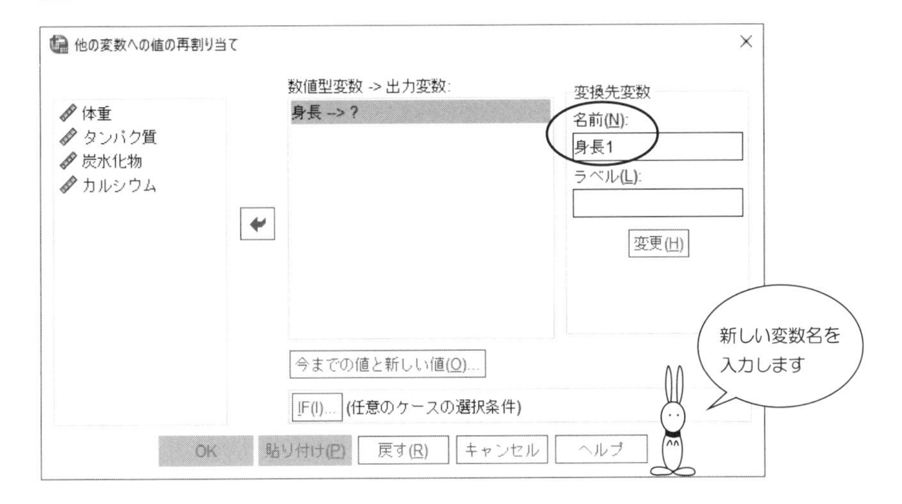

手順 4　そこで 変更(H) をクリックすると，身長→身長１となります.
次に 今までの値と新しい値(O) をクリック.

手順 5　次の画面が現れたら，範囲(N) をクリックして，3つのワクの中へ，次のように 140.1 ， 145 ， 142.5 と入力して， 追加(A) をクリック．

他の変数への値の再割り当て: 今までの値と新しい値

今までの値
値(V):
システム欠損値(S)
システムまたはユーザー欠損値(U)
範囲(N): 140.1
から(T) 145
範囲: 最小値から次の値まで(G)
範囲: 次の値から最大値まで(E)

新しい値
値(L): 142.5
システム欠損値(Y)
今までの値をコピー(P)
旧 --> 新(D):
追加(A)
変更(C)
削除(M)
文字型変数への出力(B)　幅(W): 8

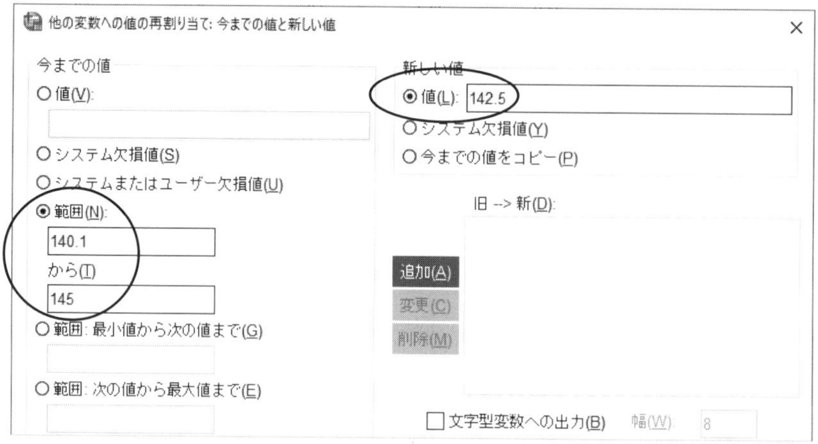

手順 6　次は 145.1 ， 150 ， 147.5 と入力して 追加(A) をクリック．
続いて，他の値も同じように割り当てます．

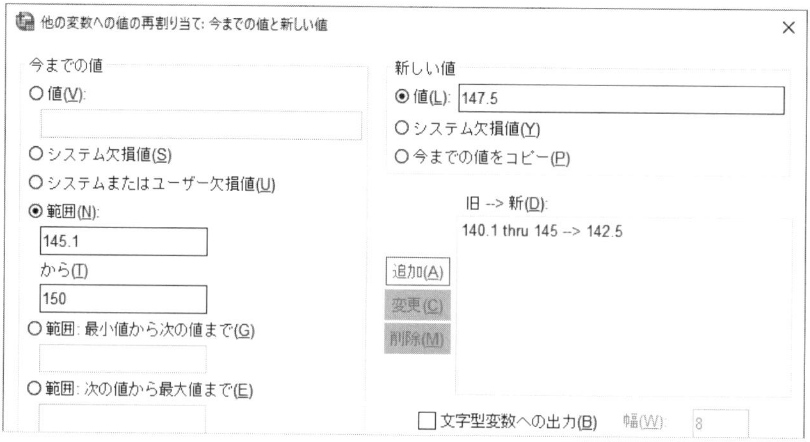

他の変数への値の再割り当て: 今までの値と新しい値

今までの値
値(V):
システム欠損値(S)
システムまたはユーザー欠損値(U)
範囲(N): 145.1
から(T) 150
範囲: 最小値から次の値まで(G)
範囲: 次の値から最大値まで(E)

新しい値
値(L): 147.5
システム欠損値(Y)
今までの値をコピー(P)
旧 --> 新(D):
140.1 thru 145 --> 142.5
追加(A)
変更(C)
削除(M)
文字型変数への出力(B)　幅(W): 8

手順 7 次のようになったら，続行(C).

手順 2 の画面に戻ったら，OK をマウスでカチッ！

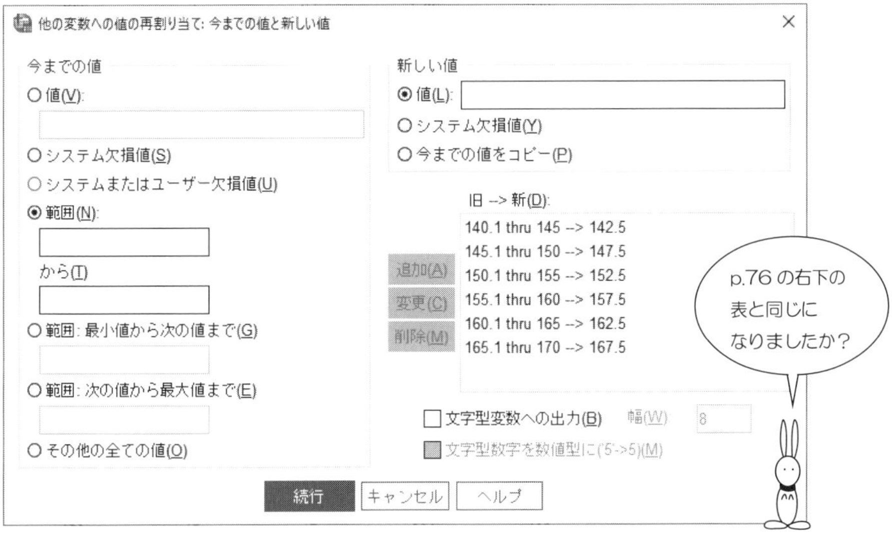

他の変数への値の再割り当て: 今までの値と新しい値

今までの値
- ○ 値(V):
- ○ システム欠損値(S)
- ○ システムまたはユーザー欠損値(U)
- ◉ 範囲(N):
  から(T)
- ○ 範囲: 最小値から次の値まで(G)
- ○ 範囲: 次の値から最大値まで(E)
- ○ その他の全ての値(O)

新しい値
- ◉ 値(L):
- ○ システム欠損値(Y)
- ○ 今までの値をコピー(P)

旧 --> 新(D):

140.1 thru 145 --> 142.5
145.1 thru 150 --> 147.5
150.1 thru 155 --> 152.5
155.1 thru 160 --> 157.5
160.1 thru 165 --> 162.5
165.1 thru 170 --> 167.5

追加(A) 変更(C) 削除(M)

□ 文字型変数への出力(B) 幅(W) 8

□ 文字型数字を数値型に('5'->5)(M)

続行 キャンセル ヘルプ

手順 8 すると，データビューの画面は，次のようになっているハズです.

	身長	体重	タンパク質	炭水化物	カルシウム	身長1	var
1	151	48	62	269	494	152.50	
2	154	44	48	196	473	152.50	
3	160	48	48	191	361	157.50	
4	160	52	89	230	838	157.50	
5	163	58	52	203	268	162.50	
6	156	58	77	279	615	157.50	
7	158	62	58	247	573	157.50	
8	156	52	49	196	346	157.50	
9	154	45	57	351	607	152.50	
10	160	55	63	[illegible]	494	157.50	
11	154	54	55	[illegible]	319	152.50	
12	162	47	72	[illegible]	545	162.50	
13	156	43	54	[illegible]	[illegible]	157.50	
14	162	53	73	[illegible]	[illegible]	162.50	
15	157	54	44	[illegible]	[illegible]	157.50	
16	162	64	55	183	[illegible]	162.50	
17	162	47	50	168	[illegible]	162.50	

手順 9 そこで，分析(A) のメニューの中から，もう一度

記述統計(E) ⇨ 度数分布表(F) を選択.

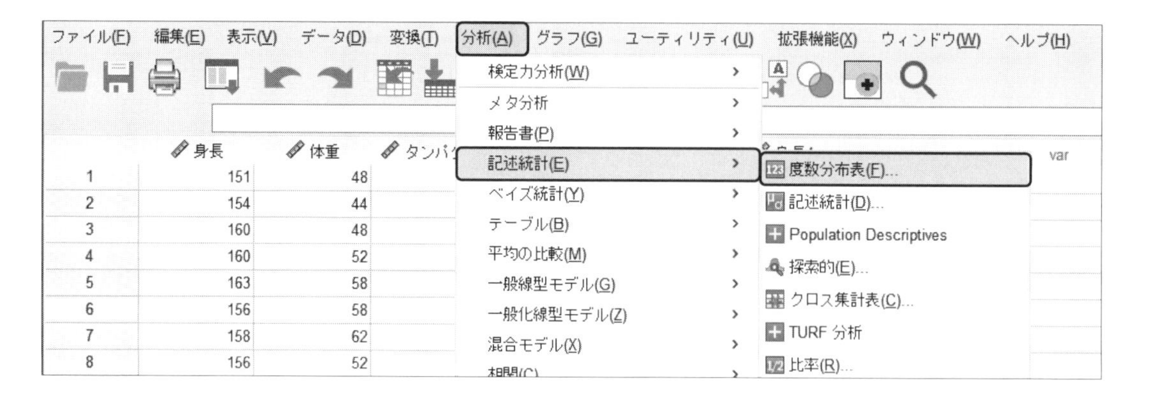

手順 10 次の画面になったら，身長 1 を 変数(V) のワクの中へ移動.

このとき，ヒストグラムも一緒に作っておきましょう.

図表(C) をクリックし，ヒストグラム(H) を選択して，続行 .

あとは，OK をマウスでカチッ！

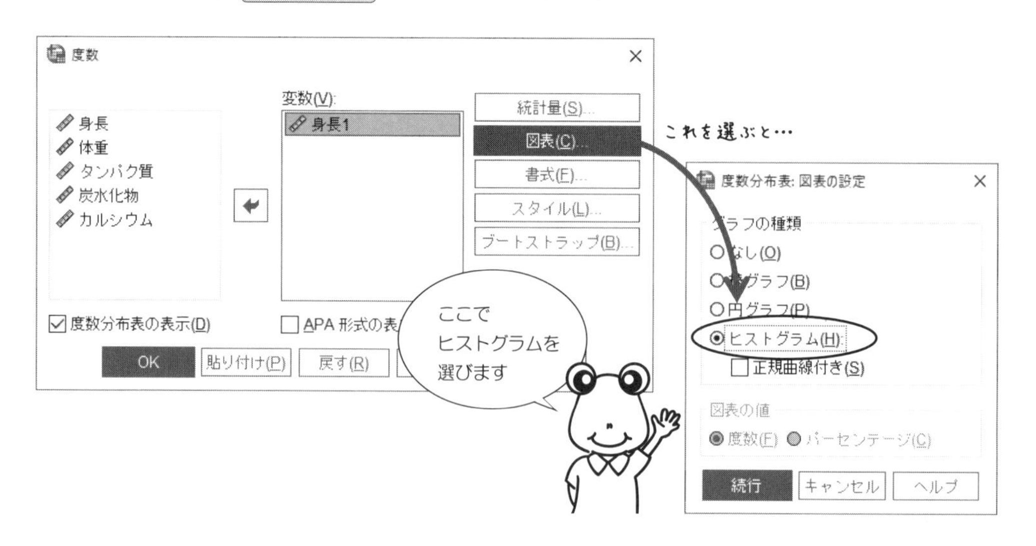

【SPSS による出力】— 度数分布表とヒストグラム —

次のように度数分布表とヒストグラムが出力されます !!

度数分布表

身長1

		度数	パーセント	有効パーセント	累積パーセント
有効	142.50	1	1.3	1.3	1.3
	147.50	6	7.5	7.5	8.8
	152.50	18	22.5	22.5	31.3
	157.50	31	38.8	38.8	70.0
	162.50	18	22.5	22.5	92.5
	167.50	6	7.5	7.5	100.0
	合計	80	100.0	100.0	

↑
階級値

たとえば……

$$\frac{6}{80} \times 100 = 7.5$$

$$1.3 + 7.5 = 8.8$$

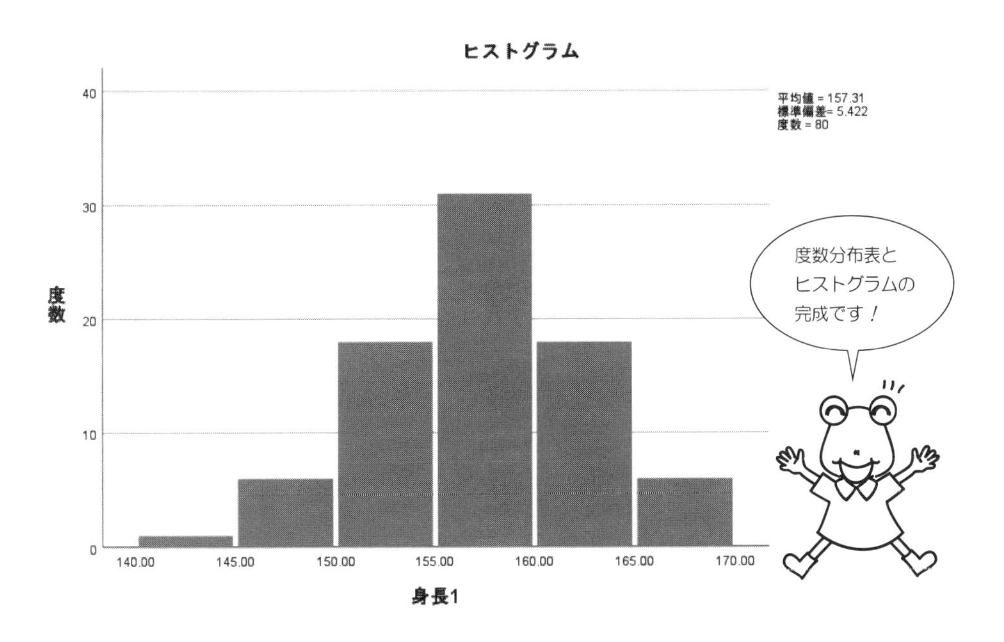

Section 4.3　ヒストグラムの描き方はカンタンです

手順 1　グラフ(G) のメニューから レガシーダイアログ(L) を選び，

サブメニューから，ヒストグラム(I) を選択します．

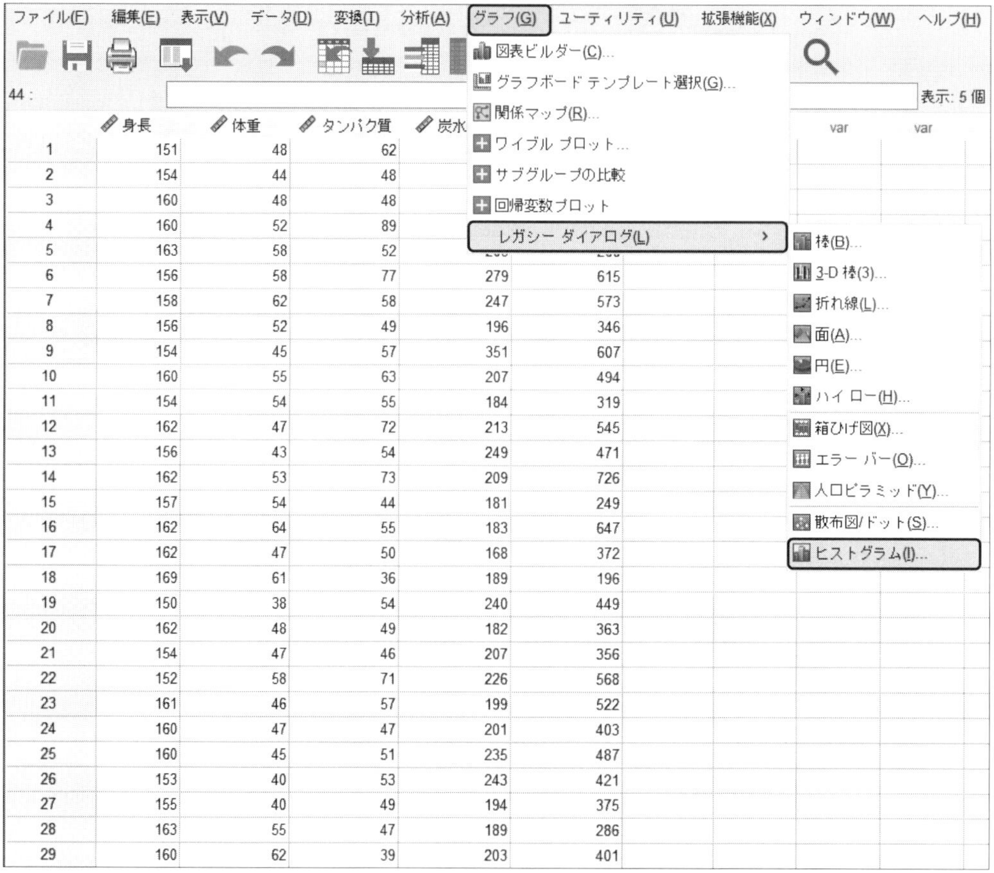

ファイル(F)　編集(E)　表示(V)　データ(D)　変換(T)　分析(A)　グラフ(G)　ユーティリティ(U)　拡張機能(X)　ウィンドウ(W)　ヘルプ(H)

44 :　　表示: 5 個

グラフ(G)
- 図表ビルダー(C)...
- グラフボード テンプレート選択(G)...
- 関係マップ(R)...
- ワイブル プロット...
- サブグループの比較
- 回帰変数プロット
- レガシー ダイアログ(L) ›
  - 棒(B)...
  - 3-D 棒(3)...
  - 折れ線(L)...
  - 面(A)...
  - 円(E)...
  - ハイ ロー(H)...
  - 箱ひげ図(X)...
  - エラー バー(O)...
  - 人口ピラミッド(Y)...
  - 散布図/ドット(S)...
  - ヒストグラム(I)...

	身長	体重	タンパク質	炭水		var	var
1	151	48	62				
2	154	44	48				
3	160	48	48				
4	160	52	89				
5	163	58	52				
6	156	58	77	279	615		
7	158	62	58	247	573		
8	156	52	49	196	346		
9	154	45	57	351	607		
10	160	55	63	207	494		
11	154	54	55	184	319		
12	162	47	72	213	545		
13	156	43	54	249	471		
14	162	53	73	209	726		
15	157	54	44	181	249		
16	162	64	55	183	647		
17	162	47	50	168	372		
18	169	61	36	189	196		
19	150	38	54	240	449		
20	162	48	49	182	363		
21	154	47	46	207	356		
22	152	58	71	226	568		
23	161	46	57	199	522		
24	160	47	47	201	403		
25	160	45	51	235	487		
26	153	40	53	243	421		
27	155	40	49	194	375		
28	163	55	47	189	286		
29	160	62	39	203	401		

手順 **2**　身長を 変数 のワクへ移動し，

あとは OK ！

手順 **3**　次のような出力画面になります．

ヒストグラムの上を適当にダブルクリックしてみると……

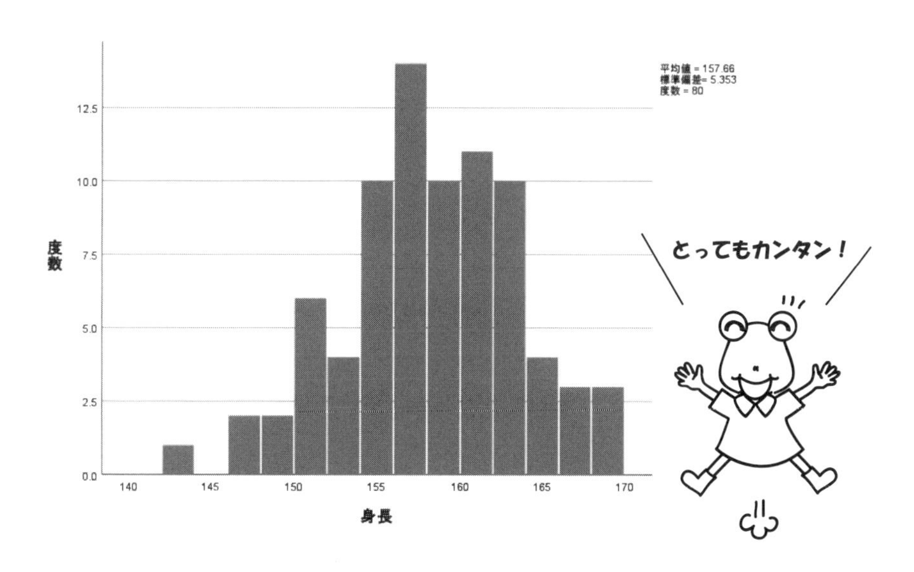

手順4 しばらくして，また同じような画面が現れます．

そこで，ヒストグラムの棒の上をダブルクリック．

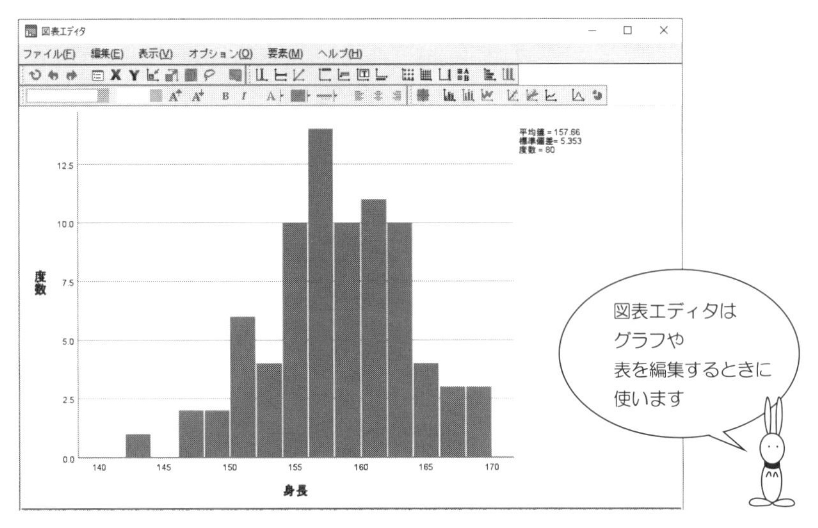

手順5 プロパティの画面が現れるので，ビン のタブを開いて，

⦿ 間隔の幅(I)　5

☑ アンカー用のユーザー指定値(M)　140.1

のように入力し，適用 をクリック．

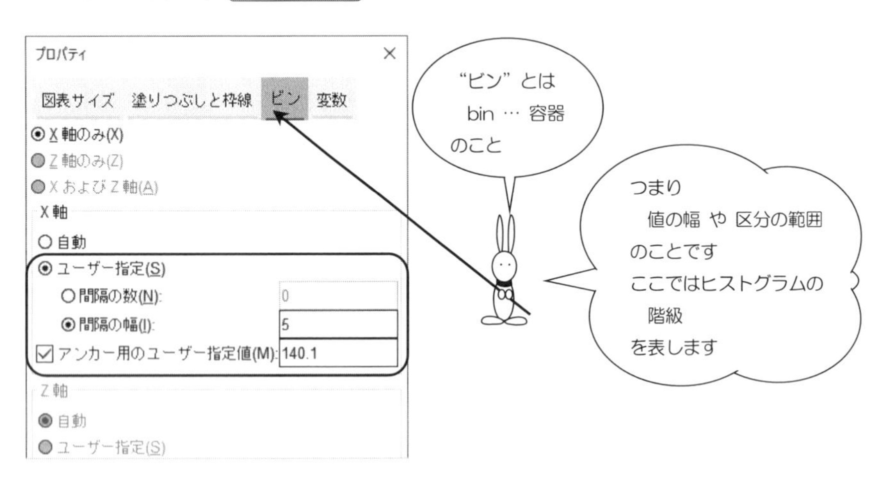

【SPSS による出力】— ヒストグラム —

次のようにヒストグラムが出力されます.

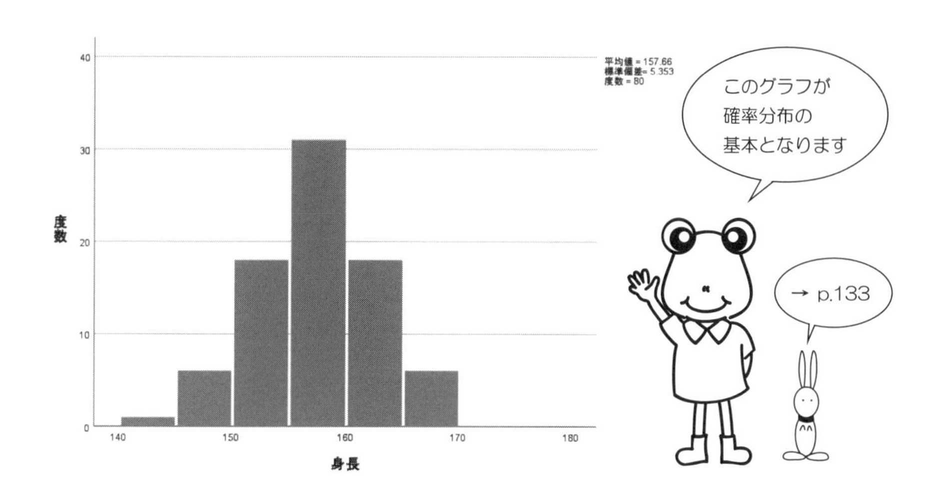

◎ グラフ（G）
→ 図表ビルダー
→ ヒストグラム

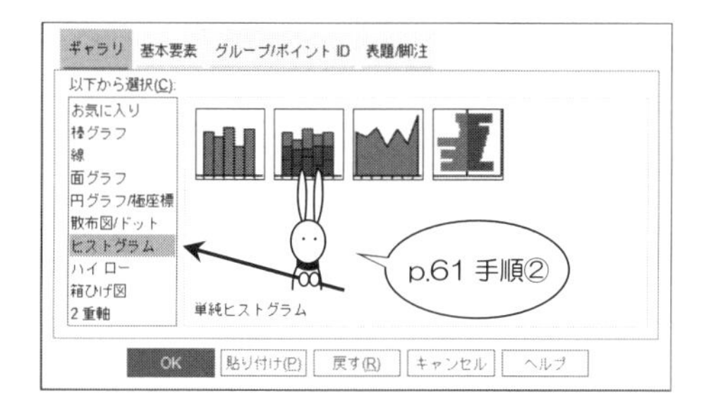

◎ グラフ（G）
→ グラフボードテンプレート
→ ヒストグラム

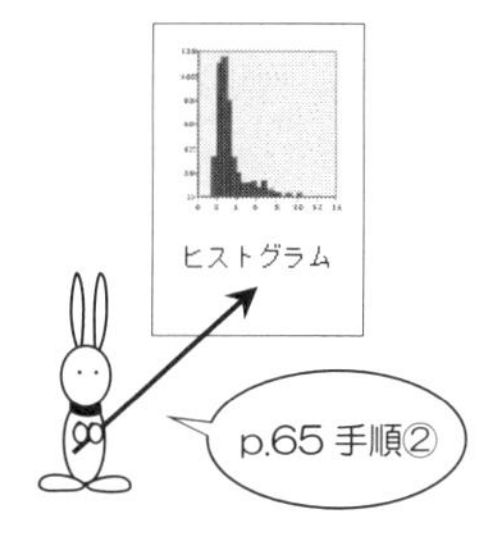

演　習

4

次のデータは，58 か国の女性の平均寿命や男性の平均寿命などの調査結果です．

データは HP から
ダウンロードできます

表 4.4　世界はひとつ!!

No.	国名	女性寿命	男性寿命	識字率	人口増加	幼児死亡率
1	アフガニスタン	44	45	29	2.8	168.0
2	アルゼンチン	75	68	95	1.3	25.6
3	オーストラリア	80	74	100	1.4	7.3
4	オーストリア	79	73	99	0.2	6.7
5	ベルギー	79	73	99	0.2	7.2
6	ボリビア	64	59	78	2.7	75.0
7	ボスニア	78	72	86	0.7	12.7
8	ブラジル	67	57	81	1.3	66.0
9	ブルガリア	75	69	93	− 0.2	12.0
10	カンボジア	52	50	35	2.9	112.0
11	カナダ	81	74	97	0.7	6.8
12	チリ	78	71	93	1.7	14.6
13	中国	69	67	78	1.1	52.0
14	コロンビア	75	69	87	2.0	28.0
15	コスタリカ	79	76	93	2.3	11.0
16	クロアチア	77	70	97	− 0.1	8.7
17	キューバ	78	74	94	1.0	10.2
18	デンマーク	79	73	99	0.1	6.6
19	ドミニカ	70	66	83	1.8	51.5
20	エジプト	63	60	48	2.0	76.4
21	エストニア	76	67	99	0.5	19.0
22	エチオピア	54	51	24	3.1	110.0
23	フィンランド	80	72	100	0.3	5.3
24	フランス	82	74	99	0.5	6.7
25	ドイツ	79	73	99	0.4	6.5

No.	国名	女性寿命	男性寿命	識字率	人口増加	幼児死亡率
26	ギリシャ	80	75	93	0.8	8.2
27	ハンガリー	76	67	99	− 0.3	12.5
28	アイスランド	81	76	100	1.1	4.0
29	インド	59	58	52	1.9	79.0
30	インドネシア	65	61	77	1.6	68.0
31	イラン	67	65	54	3.5	60.0
32	イラク	68	65	60	3.7	67.0
33	アイルランド	78	73	98	0.3	7.4
34	イスラエル	80	76	92	2.2	8.6
35	イタリア	81	74	97	0.2	7.6
36	日本	82	76	99	0.3	4.4
37	ケニア	55	51	69	3.1	74.0
38	クウェート	78	73	73	5.2	12.5
39	マレーシア	72	66	78	2.3	25.6
40	メキシコ	77	69	87	1.9	35.0
41	モロッコ	70	66	50	2.1	50.0
42	ニュージーランド	80	73	99	0.6	8.9
43	ナイジェリア	57	54	51	3.1	75.0
44	ノルウェー	81	74	99	0.4	6.3
45	パキスタン	58	57	35	2.8	101.0
46	パナマ	78	71	88	1.9	16.5
47	ペルー	67	63	85	2.0	54.0
48	フィリピン	68	63	90	1.9	51.0
49	ポルトガル	78	71	85	0.4	9.2
50	ルーマニア	75	69	96	0.1	20.3
51	ロシア	74	64	99	0.2	27.0
52	シンガポール	79	73	88	1.2	5.7
53	スペイン	81	74	95	0.3	6.9
54	スイス	82	75	99	0.7	6.2
55	タイ	72	65	93	1.4	37.0
56	トルコ	73	69	81	2.0	49.0
57	イギリス	80	74	99	0.2	7.2
58	アメリカ	79	73	97	1.0	8.1

問題 4.1　女性寿命のヒストグラムを作成してください．

問題 4.2　女性寿命の度数分布表を作成してください．
ヒストグラムと度数分布表の階級は，次のようにします．

表 4.3　度数分布表の階級

階級	度数	相対度数
40 歳 ～ 49 歳		
50 歳 ～ 59 歳		
60 歳 ～ 69 歳		
70 歳 ～ 79 歳		
80 歳 ～ 89 歳		

相対度数とは
パーセントのことです

階級 …… class
階級値 …… class mark
度数 …… frequency，count
相対度数 …… relative frequency
累積度数 …… cumulative frequency
累積相対度数 …… cumulative relative frequency

解答
4.1

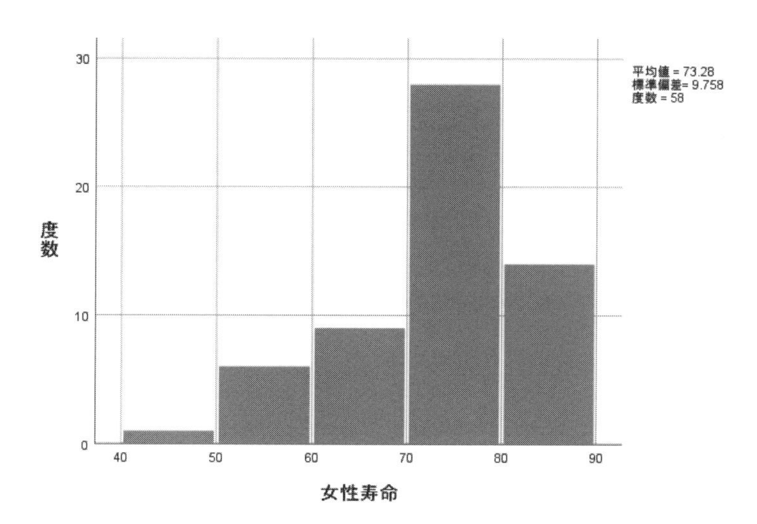

解答
4.2

女性寿命

		度数	パーセント	有効パーセント	累積パーセント
有効	45	1	1.7	1.7	1.7
	55	6	10.3	10.3	12.1
	65	9	15.5	15.5	27.6
	75	28	48.3	48.3	75.9
	85	14	24.1	24.1	100.0
	合計	58	100.0	100.0	

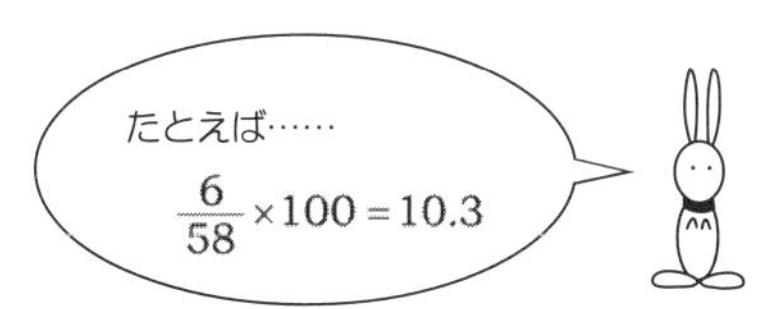

5章 基礎統計量って，平均値のこと？

次のデータは，身長，体重，栄養管理に関するアンケート調査の結果です．

表 5.1　10 人の身長・体重・栄養管理

No.	身長	体重	タンパク質	炭水化物	カルシウム
1	151	48	62	269	494
2	154	44	48	196	473
3	160	48	48	191	361
4	160	52	89	230	838
5	163	58	52	203	268
6	156	58	77	279	615
7	158	62	58	247	573
8	156	52	49	196	346
9	154	45	57	351	607
10	160	55	63	207	494

知りたいことは……

このデータから
わかることは何？

- 身長の 10 個のデータを代表する値は？
- 身長の 10 個のデータのバラツキの程度は？

身長のデータを使って

基礎統計量

を求めてみましょう．

表 5.2　1 変数データの型

No.	x
1	x_1
2	x_2
⋮	⋮
N	x_N

基礎統計量とは

平均値　　中央値

分散　　標準偏差

など，統計処理の基本となる統計量のことです．

表 5.1 のデータは，次のように入力しておきます．

	身長	体重	タンパク質	炭水化物	カルシウム	var	var	var
1	151	48	62	269	494			
2	154	44	48	196	473			
3	160	48	48	191	361			
4	160	52	89	230	838			
5	163	58	52	203	268			
6	156	58	77	279	615			
7	158	62	58	247	573			
8	156	52	49	196	346			
9	154	45	57	351	607			
10	160	55	63	207	494			
11								
12								

データ　ビュー　変数　ビュー

データから計算された値を
“統計量”といいます

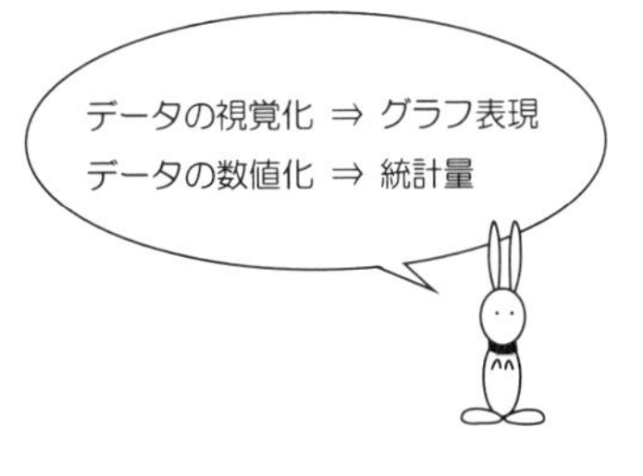

Section 5.1 基礎統計量って，いったいナニ？

その１　記述統計をクリックすると……

手順 **1**　分析(A) のメニューの 記述統計(E) のサブメニューに 記述統計(D) があります．ここをクリック．

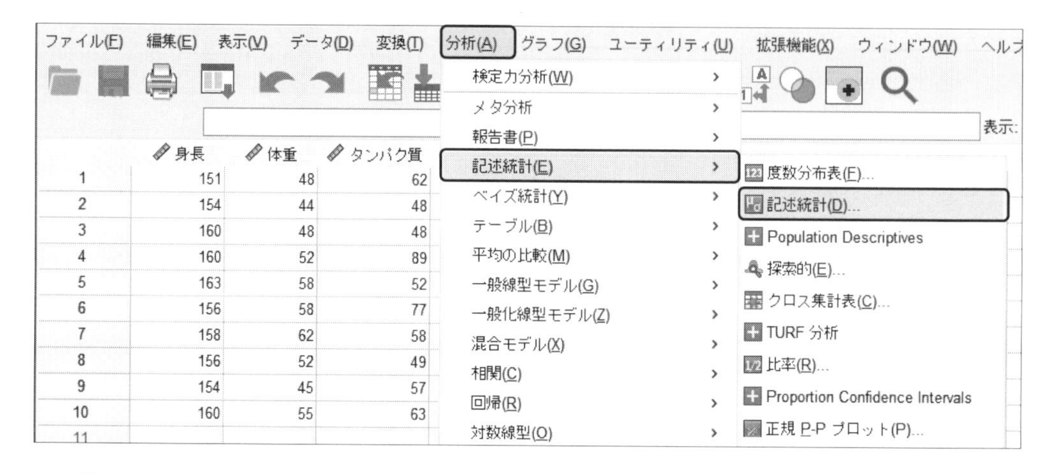

手順 **2**　次の画面になったら，身長を 変数(V) へ移動しておきます．そして， オプション(O) をクリック．

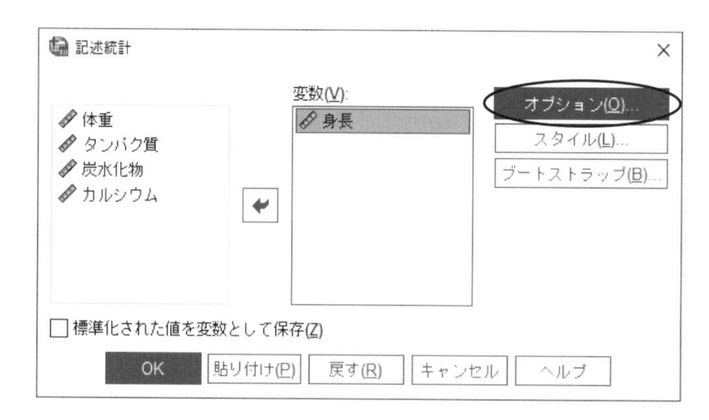

手順 3 オプション の中には 平均値 や 標準偏差(T) など
たくさんの統計量が入っています.
ここでは，下のようにチェックしてください.

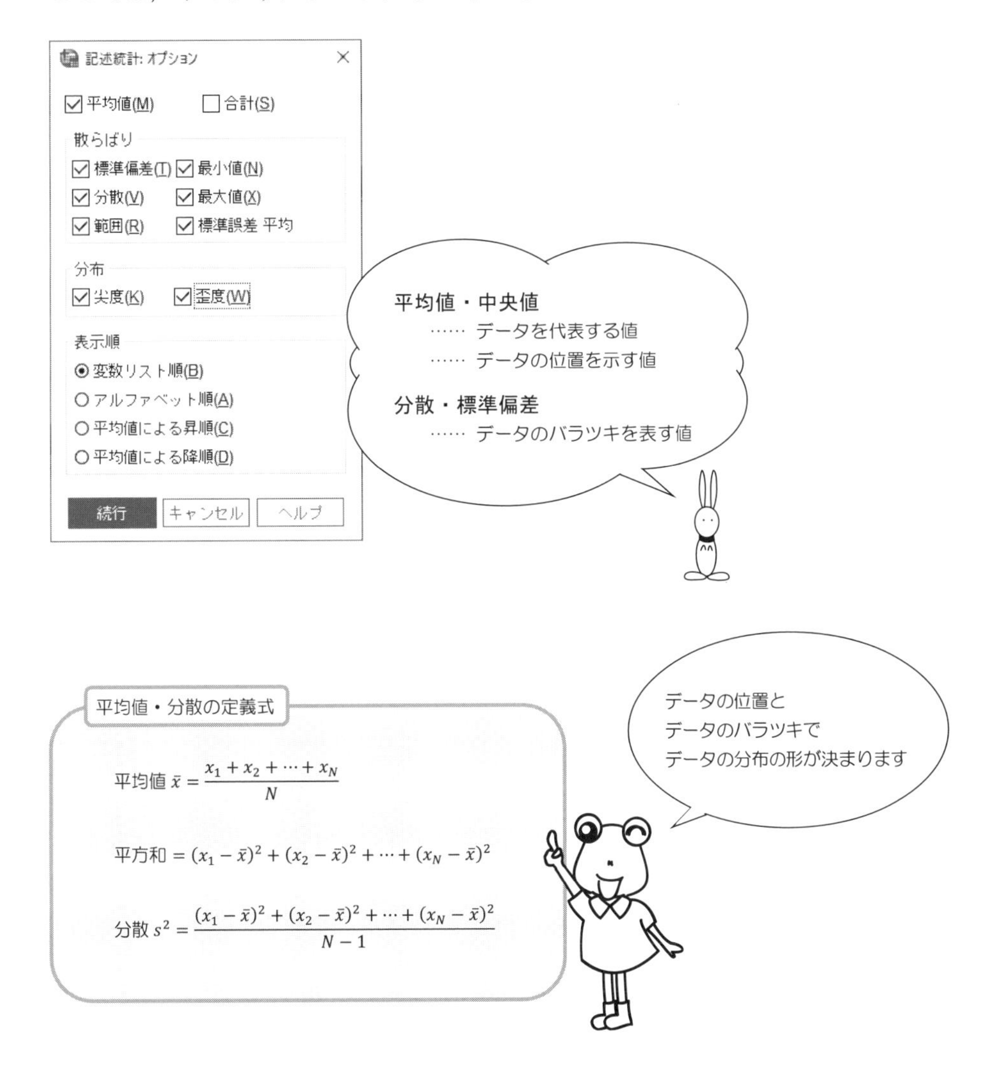

平均値・分散の定義式

平均値 $\bar{x} = \dfrac{x_1 + x_2 + \cdots + x_N}{N}$

平方和 $= (x_1 - \bar{x})^2 + (x_2 - \bar{x})^2 + \cdots + (x_N - \bar{x})^2$

分散 $s^2 = \dfrac{(x_1 - \bar{x})^2 + (x_2 - \bar{x})^2 + \cdots + (x_N - \bar{x})^2}{N - 1}$

手順4 続行 をクリックすると，**手順2** の画面に戻るので，

OK ！

しばらくすると，次のような出力画面が現れます．

でも……

これではあまり見やすくないですね……

記述統計量

	度数	範囲	最小値	最大値	平均値		標準偏差	分散	歪度		尖度	
	統計量	統計量	統計量	統計量	統計量	標準誤差	統計量	統計量	統計量	標準誤差	統計量	標準誤差
身長	10	12	151	163	157.20	1.153	3.645	13.289	-.131	.687	-.622	1.334
有効なケースの数 (リストごと)	10											

手順 5 そこで，表の上を適当にダブルクリックします．

すると，次のようなピボットテーブルが現れます．

メニューの ピボット(P) から 行と列の入れ替え を選ぶと……

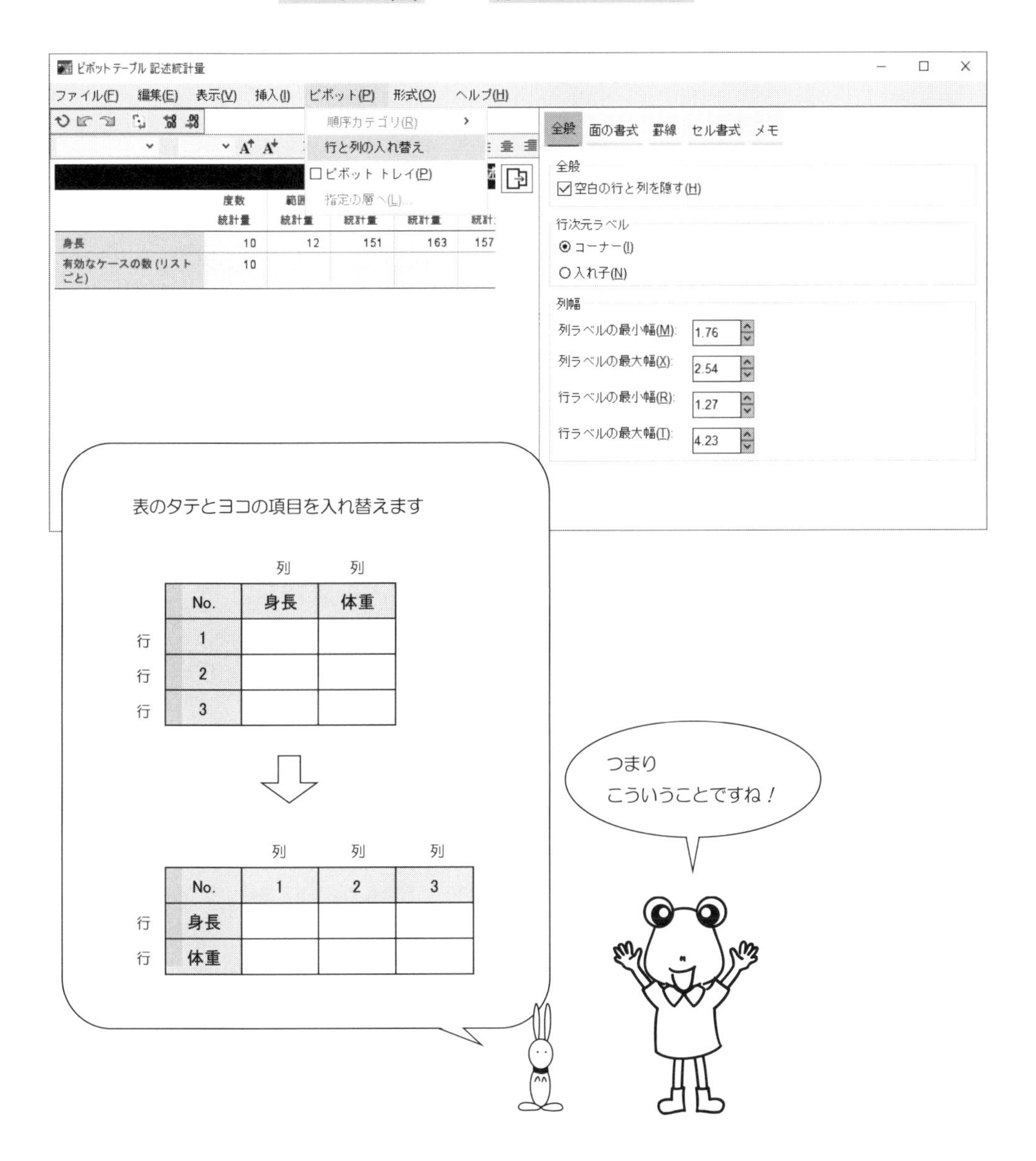

【SPSS による出力】— 記述統計による平均値・分散・標準偏差 —

今度は見やすい表になりました.

記述統計量

		身長	有効なケースの数 (リストごと)
度数	統計量	10	10
範囲	統計量	12	
最小値	統計量	151	
最大値	統計量	163	
平均値	統計量	157.20	← ①
	標準誤差	1.153	← ③
標準偏差	統計量	3.645	
分散	統計量	13.289	← ②
歪度	統計量	-.131	
	標準誤差	.687	
尖度	統計量	-.622	
	標準誤差	1.334	

統計量って
意外とカンタン！

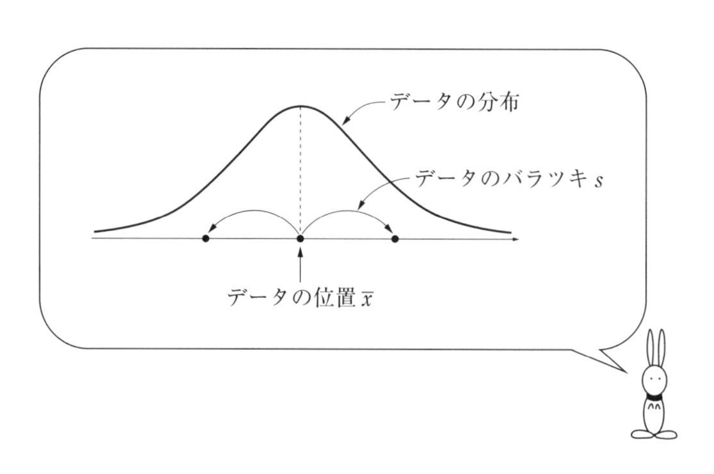

【出力結果の読み取り方】

⬅① 平均値と合計のところを見ると

$$\text{平均値} = 157.20 \qquad \text{合計} = 1572 \qquad \text{度数} = 10$$

となっているので

$$\text{平均値} = \frac{1572}{10} = \frac{\text{合計}}{\text{度数}}$$

となります.

度数 N …データの個数

平均値 $\bar{x}$ …データの位置を示す値

分散 s^2
標準偏差 s } …データのバラツキを表す値

⬅② 分散と標準偏差の関係は

$$\text{標準偏差} = 3.645 = \sqrt{13.289} = \sqrt{\text{分散}}$$

です.

⬅③ 平均値のところの標準誤差は

$$\text{標準誤差} = 1.153 = \frac{3.645}{\sqrt{10}} = \frac{\text{標準偏差}}{\sqrt{\text{度数}}} = \sqrt{\frac{\text{分散}}{\mathrm{N}}}$$

となっています.

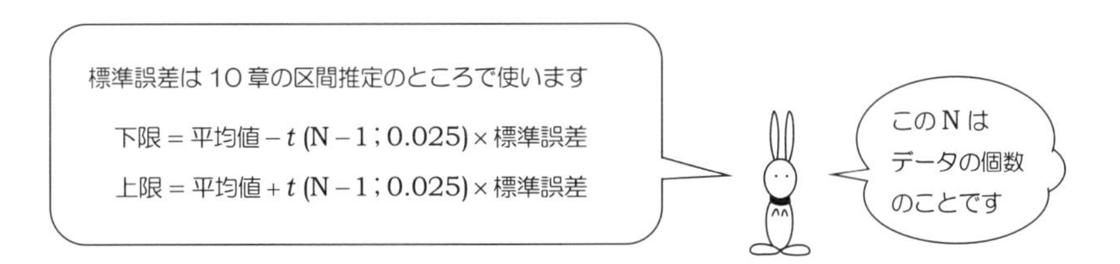

その２　探索的をクリックしてみると……

手順 **1**　次に，分析(A) ⇨ 記述統計(E) ⇨ 探索的(E) を選択してみましょう．

手順 **2**　すると，次の画面になるので，身長を 従属変数(D) のワクへ移動しておきます．

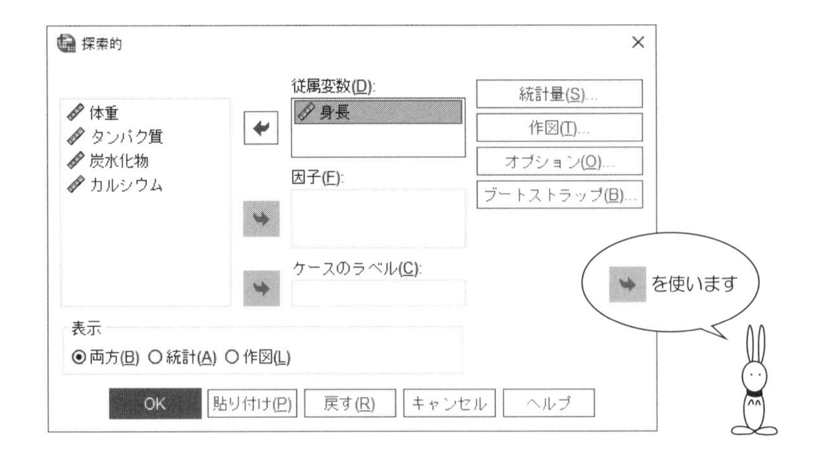

手順 3 そして，画面右の 統計量(S) をクリックすると，次の画面になります．

ここでは基礎統計量と 平均値の信頼区間(C) を求めてくれます．

そして， 続行 ．

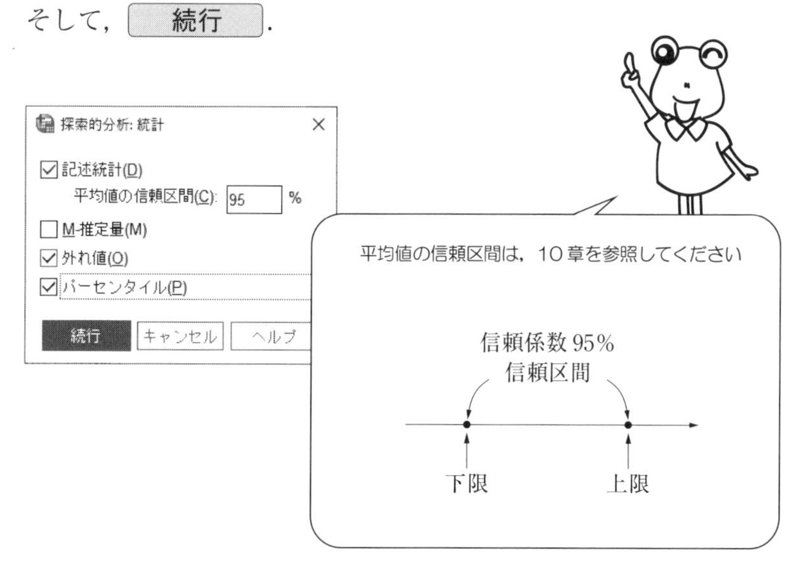

手順 4 手順 2 の画面に戻ったら，あとは……

OK をマウスでカチッ！

【SPSS による出力】— 探索的による平均値・分散・標準偏差 —

次のようにいろいろな基礎統計量が出力されます．

探索的

記述統計

			統計量	標準誤差	
身長	平均値		157.20	1.153	
	平均値の 95% 信頼区間	下限	154.59		
		上限	159.81		
	5%トリム平均		157.22		← ④
	中央値		157.00		← ⑤
	分散		13.289		
	標準偏差		3.645		
	最小値		151		
	最大値		163		
	範囲		12		
	4分位範囲		6		← ⑥
	歪度		-.131	.687	
	尖度		-.622	1.334	

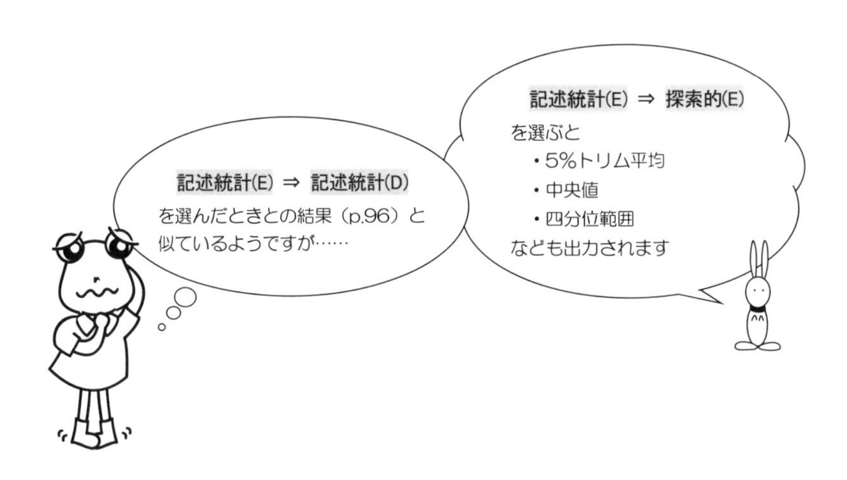

【出力結果の読み取り方】

⬅④　5%トリム平均

トリムとは“刈り取る”という意味です．つまり，

“データの中で大きい値5%と小さい値5%を
刈り取ったあとの90%の平均値”

のことです．

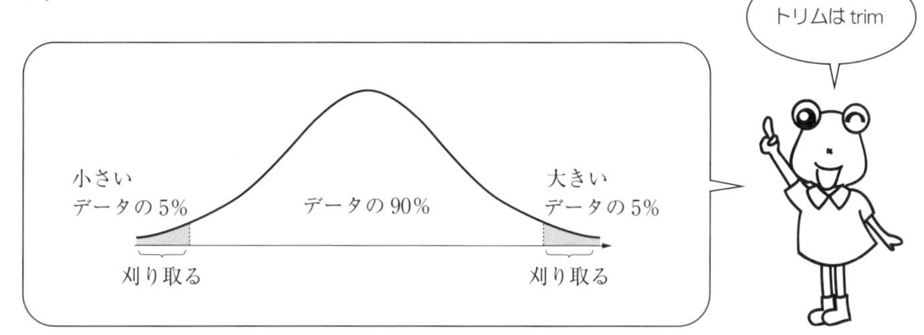

⬅⑤　中央値

データを大きさの順に並べたとき，真ん中の値を中央値といいます．

中央値もデータを代表する値です．

平均値と違って，中央値には

“データの中に極端に大きい値や小さい値があっても，
その影響を受けない”

というすぐれた特徴をもっています．

⬅⑥　四分位範囲（しぶんいはんい）

四分位とは $\frac{1}{4}$ のことなので，四分位範囲とは

“25パーセントから75パーセントまでの値の範囲”

演　習

5

次のデータは，ある方法でプラスチックを製造したときの引裂抵抗，光沢，不透明度の測定値です．

問題 5.1　引裂抵抗の平均値を求めてください．

問題 5.2　光沢の分散を求めてください．

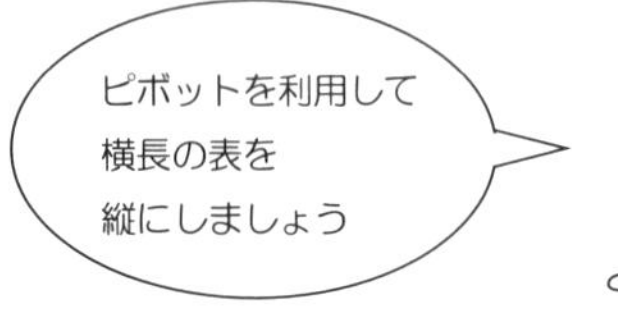

問題 5.3　不透明度の標準偏差と標準誤差を求めてください．

表 5.3　プラスチックの品質管理

No.	引裂抵抗	光沢	不透明度
1	6.5	9.5	4.4
2	6.2	9.9	6.4
3	5.8	9.6	3.0
4	6.5	9.6	4.1
5	6.5	9.2	0.8
6	6.9	9.1	5.7
7	7.2	10.0	2.0
8	6.9	9.9	3.9
9	6.1	9.5	1.9
10	6.3	9.4	5.7

No.	引裂抵抗	光沢	不透明度
11	6.7	9.1	2.8
12	6.6	9.3	4.1
13	7.2	8.3	3.8
14	7.1	8.4	1.6
15	6.8	8.5	3.4
16	7.1	9.2	8.4
17	7.0	8.8	5.2
18	7.2	9.7	6.9
19	7.5	10.1	2.7
20	7.6	9.2	1.9

解答 5.1

記述統計量

	度数	最小値	最大値	平均値		標準偏差
	統計量	統計量	統計量	統計量	標準誤差	統計量
引裂抵抗	20	5.8	7.6	6.785	.1059	.4738
有効なケースの数 (リストごと)	20					

解答 5.2

記述統計量

		光沢	有効なケースの数 (リストごと)
度数	統計量	20	20
最小値	統計量	8.3	
最大値	統計量	10.1	
平均値	統計量	9.315	
	標準誤差	.1157	
標準偏差	統計量	.5174	
分散	統計量	.268	

解答 5.3

記述統計量

		不透明度	有効なケースの数 (リストごと)
度数	統計量	20	20
最小値	統計量	.8	
最大値	統計量	8.4	
平均値	統計量	3.935	
	標準誤差	.4419	
標準偏差	統計量	1.9762	

6章 2変数データには相関係数を！

次のデータは，12 の地域の妊産婦受診率と新生児死亡率を調査した結果です．

表 6.1　妊産婦受診率と新生児死亡率

地域名	妊産婦受診率	新生児死亡率
A	1.54	4.26
B	2.18	5.35
C	9.59	3.68
D	5.16	4.72
E	7.39	3.46
F	2.08	3.91
G	4.64	3.85
H	3.81	5.02
I	2.38	4.36
J	9.07	4.15
K	3.74	5.79
L	1.28	5.63

変数 x　変数 y

受診率 9.59 と
死亡率 3.68 が
対応しています

つまり……
“対応のあるデータ”
ですね

知りたいことは……

- 2つの変数，受診率と死亡率の関係は？

このデータの特徴は

対応のある２つの変数

という点です．

このようなときは，

２変数xとyの相関係数

を求めてみましょう．

表 6.2　2 変数データの型

No.	x	y
1	x_1	y_1
2	y_2	y_2
⋮	⋮	⋮
N	x_N	x_N

相関係数の定義式

$$r=\frac{(x_1-\bar{x})\times(y_1-\bar{y})+(x_2-\bar{x})\times(y_2-\bar{y})+\cdots+(x_N-\bar{x})\times(y_N-\bar{y})}{\sqrt{(x_1-\bar{x})^2+(x_2-\bar{x})^2+\cdots+(x_N-\bar{x})^2}\times\sqrt{(y_1-\bar{y})^2+(y_2-\bar{y})^2+\cdots+(y_N-\bar{y})^2}}$$

データは，次のように入力しておきます．

	地域名	受診率	死亡率	var	var	var	var	var	var	var
1	A	1.54	4.26							
2	B	2.18	5.35							
3	C	9.59	3.68							
4	D	5.16	4.72							
5	E	7.39	3.46							
6	F	2.08	3.91							
7	G	4.64	3.85							
8	H	3.81	5.02							
9	I	2.38	4.36							
10	J	9.07	4.15							
11	K	3.74	5.79							
12	L	1.28	5.63							
13										

データ ビュー　変数 ビュー

まずは入力！

Section 6.1 相関係数を求めてみましょう

手順 1　分析(A) のメニューから，相関(C) ⇨ 2変量(B) を選択.

手順 2　次の画面になったら，受診率と死亡率を 変数 のワクへ移動します.

手順 3　画面右の オプション(O) をクリックして，
次のように 平均値と標準偏差(M)，交差積和と共分散(C) の
2か所をチェック．そして， 続行 ．

2 変量の相関分析: オプション

統計
☑ 平均値と標準偏差(M)
☑ 交差積和と共分散(C)

欠損値
◉ ペアごとに除外(P)
○ リストごとに除外(L)

続行　キャンセル　ヘルプ

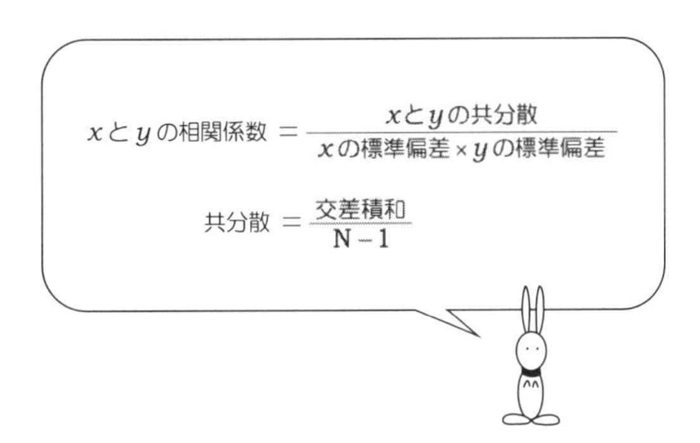

手順 4　**手順 2** の画面に戻ったら，
あとは OK をマウスでカチッ！

2 変量の相関分析

変数(V):
受診率
死亡率

オプション(O)...
スタイル(L)...
ブートストラップ(B)...
信頼区間(C)...

相関係数
☑ Pearson(N)　☐ Kendall のタウ b(K)　☐ Spearman(S)

有意差検定
◉ 両側(T)　○ 片側(L)

☑ 有意な相関係数に星印を付ける(F)　☐ 下段の三角形のみを表示(G)　☑ 対角を表示

OK　貼り付け(P)　戻す(R)　キャンセル　ヘルプ

これならラクチン！

【SPSS による出力】— 相関係数 —

次のように相関係数が出力されます.

相関

記述統計

	平均	標準偏差	度数
受診率	4.4050	2.88269	12
死亡率	4.5150	.78067	12

相関

		受診率	死亡率	
受診率	Pearson の相関係数	1	-.534	
	有意確率 (両側)		.074	
	平方和と積和	91.409	-13.222	← ①
	共分散	8.310	-1.202	
	度数	12	12	
死亡率	Pearson の相関係数	-.534	1	← ②
	有意確率 (両側)	.074		
	平方和と積和	-13.222	6.704	
	共分散	-1.202	.609	
	度数	12	12	

受診率の標準偏差 $\sqrt{\dfrac{\text{平方和}}{N-1}} = \sqrt{\dfrac{91.409}{12-1}} = 2.88269$

死亡率の標準偏差 $\sqrt{\dfrac{\text{平方和}}{N-1}} = \sqrt{\dfrac{6.704}{12-1}} = 0.78067$

【出力結果の読み取り方】

⬅① はじめに，積和と共分散に注目しましょう．

積和とは積の和，つまりデータと平均値との差の積の合計

$$(x_1-\bar{x})\times(y_1-\bar{y})+(x_2-\bar{x})\times(y_2-\bar{y})+\cdots+(x_N-\bar{x})\times(y_N-\bar{y})$$

共分散の定義式は

$$\frac{(x_1-\bar{x})\times(y_1-\bar{y})+(x_2-\bar{x})\times(y_2-\bar{y})+\cdots+(x_N-\bar{x})\times(y_N-\bar{y})}{N-1}$$

出力結果のところを見ると，積和と共分散の関係は

$$共分散=-1.202=\frac{-13.222}{12-1}=\frac{積和}{N-1}$$

となっていることに気づきます！

⬅② 次に相関係数を見てみましょう．

$$相関係数=-0.534=\frac{-1.202}{0.78067\times2.88269}$$

$$=\frac{受診率と死亡率の共分散}{死亡率の標準偏差\times受診率の標準偏差}$$

となっています．このことから

$$x と y の相関係数=\frac{x と y の共分散}{\sqrt{x の分散}\times\sqrt{y の分散}}$$

が成り立っていることがわかります．

Section 6.2　散布図を描きましょう

ところで，対応する2つの変数の場合には，相関係数を求めるよりも前にするべきことがあります．それは2つの変数の視覚化です．

そこで，散布図を描いてみましょう．

手順 1　グラフ(G) のメニューから レガシーダイアログ(L) を選び，サブメニューから 散布図/ドット(S) を選択します．

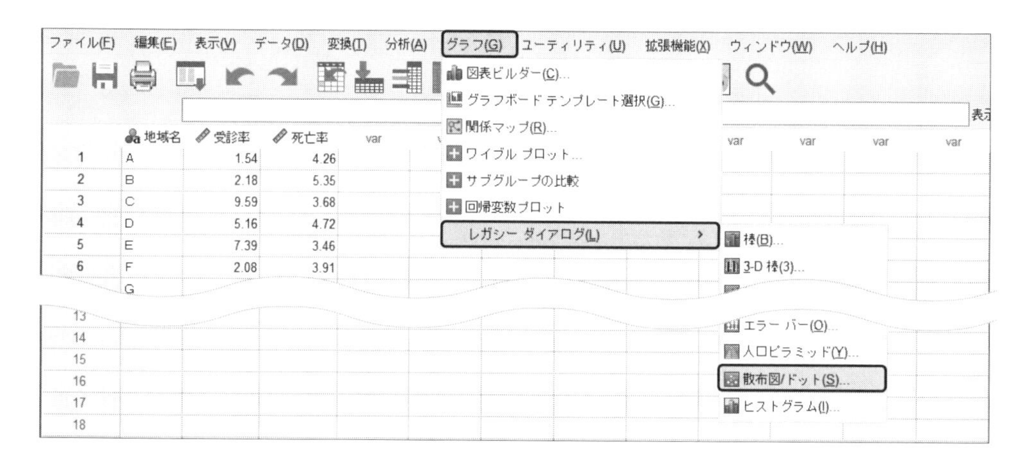

手順 2　単純な散布 を選び，そして，定義 をクリック．

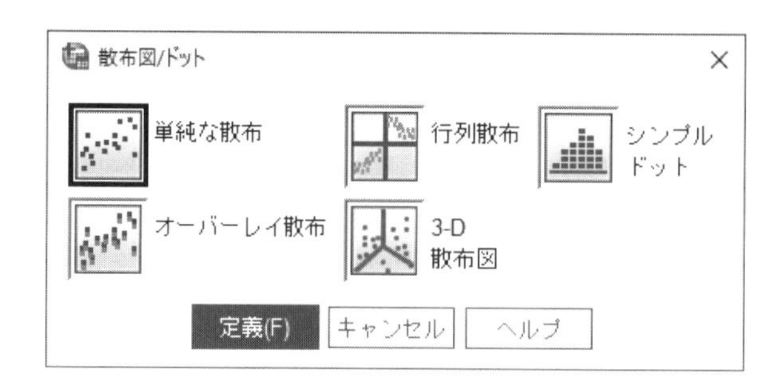

手順3 次の画面になったら

Y軸(Y) に 死亡率

X軸(X) に 受診率

ケースのラベル(C) に 地域名

を，それぞれワクの中へ移動します．

あとは，OK をマウスでカチッ！

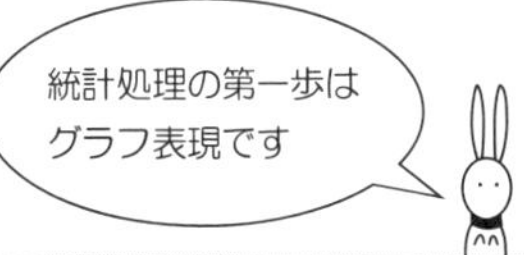

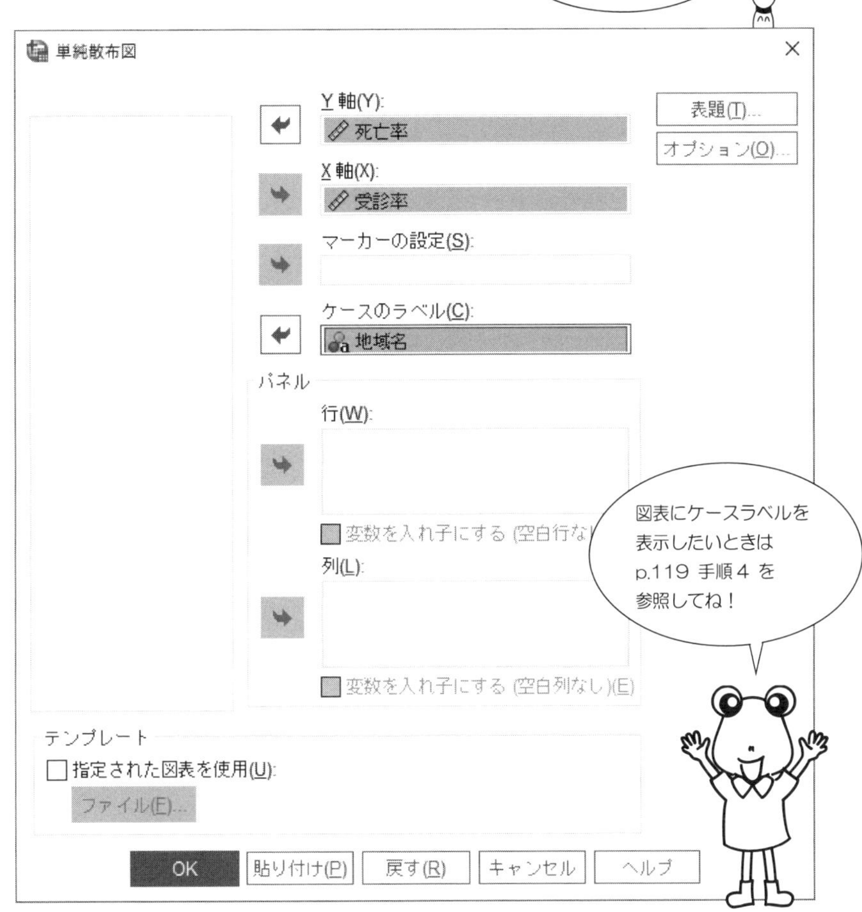

【SPSSによる出力】―散布図―

次のようになるので，出力画面の上をあっちこっちダブルクリックして，見やすい散布図にリメイクしましょう．

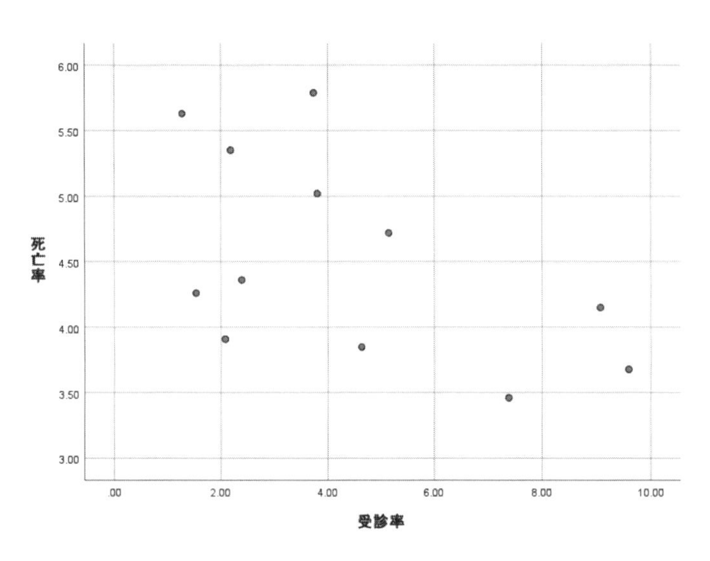

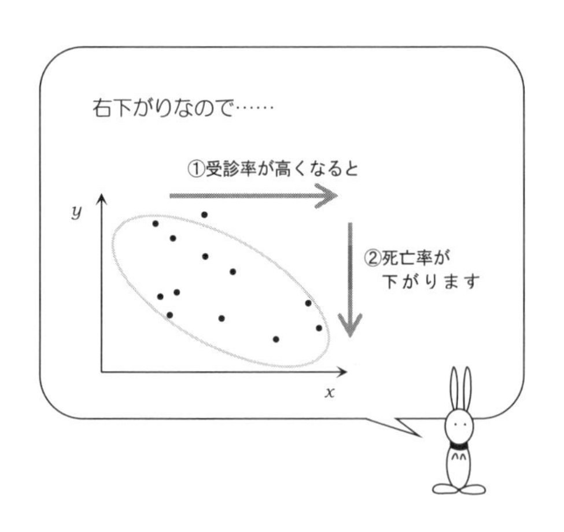

【出力結果の読み取り方】

ところで，散布図と相関係数 r の間には，次のような関係があります．

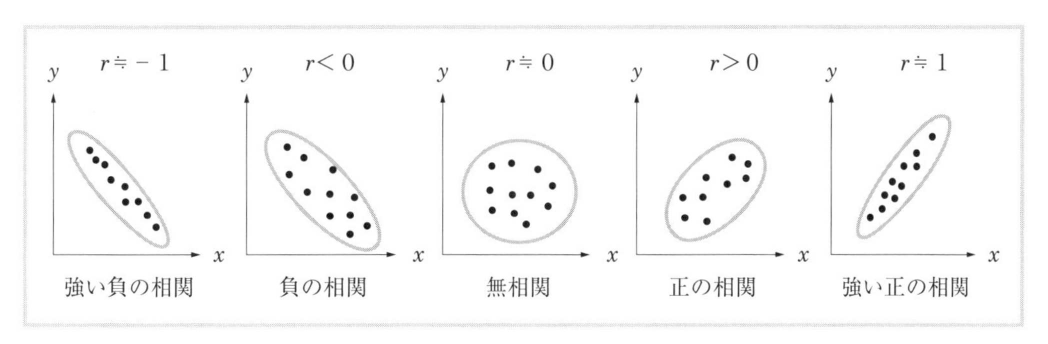

図 6.1　相関関係 r と散布図の関係

このことから，

“受診率と死亡率の間には負の相関がある”

ことがわかりました!!

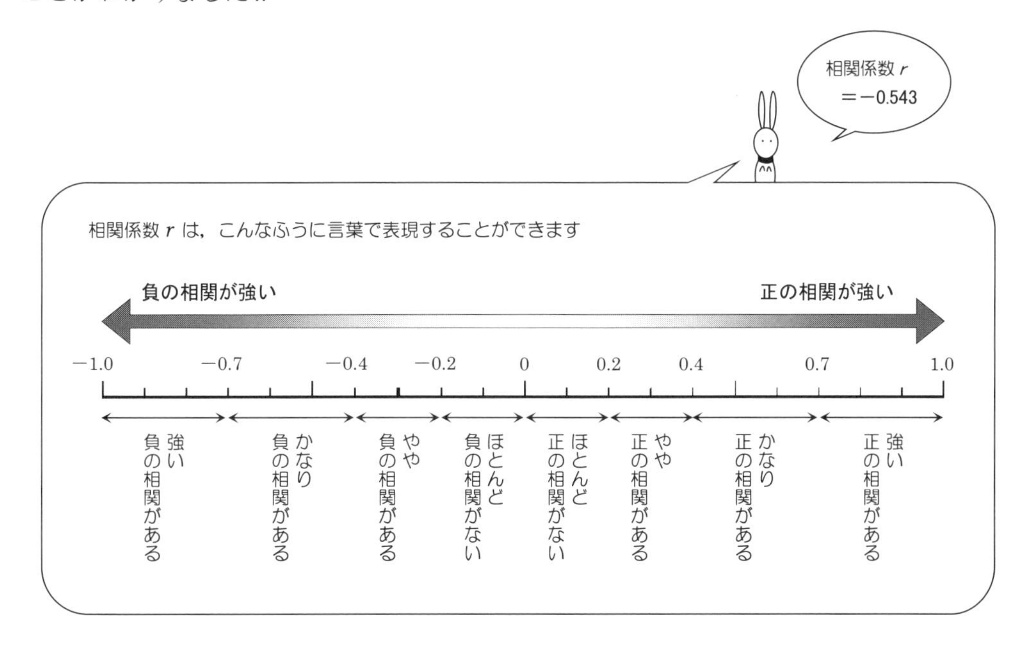

演　習

6

次のデータは，消防署から火災現場までの距離と，火災による損害金額を調査したものです．

問題 6.1　距離と損害金額の散布図を作成してください．

問題 6.2　距離と損害金額の相関係数を求めてください．

表 6.2　火災保険調査

No.	距離	損害金額
1	3.4	26.2
2	1.8	17.8
3	4.6	31.3
4	2.3	23.1
5	3.1	27.5
6	5.5	36.0
7	0.7	14.1
8	3.0	22.3
9	2.6	19.6
10	4.3	31.3
11	2.1	24.0
12	1.1	17.3
13	6.1	43.2
14	4.8	36.4
15	3.8	26.1

正の相関？

負の相関？

解答 6.1

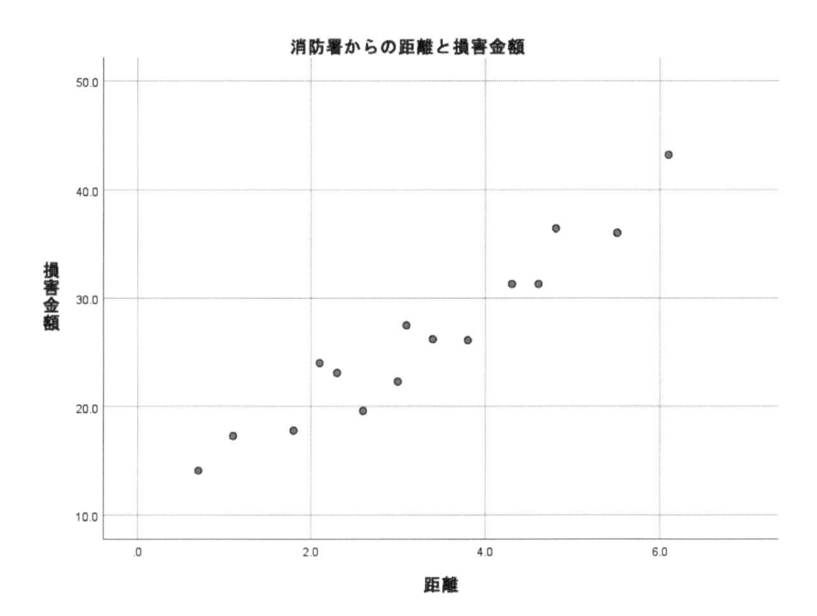

解答 6.2

相関

		距離	損害金額
距離	Pearson の相関係数	1	.961**
	有意確率 (両側)		<.001
	度数	15	15
損害金額	Pearson の相関係数	.961**	1
	有意確率 (両側)	<.001	
	度数	15	15

**. 相関係数は 1% 水準で有意 (両側) です。

7章 予測に役立つ回帰直線?!

次のデータは大手企業10社について，宣伝広告費と売上高を調査した結果です．

表 7.1　宣伝広告費と売上高

No.	企業名	宣伝広告費	売上高
1	A	107	286
2	B	336	851
3	C	233	589
4	D	82	389
5	E	61	158
6	F	378	1037
7	G	129	463
8	H	313	563
9	I	142	372
10	J	428	1020

↑ 独立変数 x　↑ 従属変数 y

知りたいことは……

- 2つの変数，宣伝広告費と売上高の関係は？

このデータは，対応のある２変数データです．

表 7.2　2 変数データの型

No.	x	y
1	x_1	y_1
2	y_2	y_2
⋮	⋮	⋮
N	x_N	x_N

はじめに，宣伝広告費と売上高の

散布図　と　相関係数

を求めてみましょう．

次のようにデータを入力しておきます．

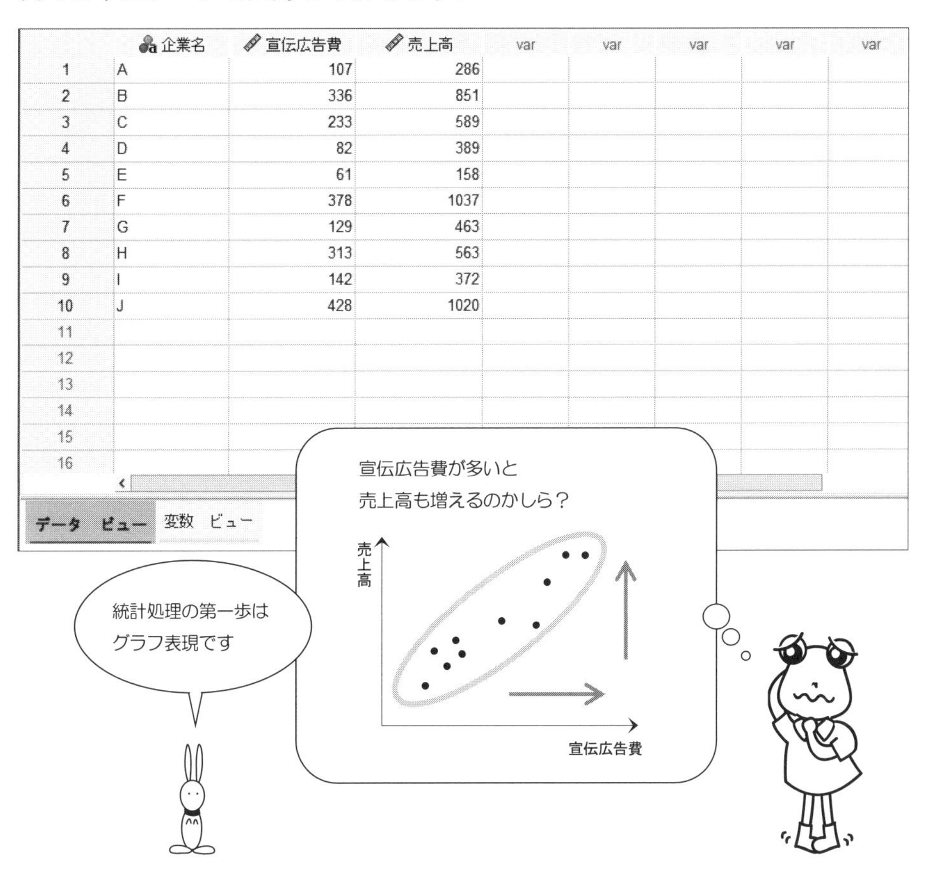

	企業名	宣伝広告費	売上高	var	var	var	var	var
1	A	107	286					
2	B	336	851					
3	C	233	589					
4	D	82	389					
5	E	61	158					
6	F	378	1037					
7	G	129	463					
8	H	313	563					
9	I	142	372					
10	J	428	1020					
11								
12								
13								
14								
15								
16								

Section 7.1 散布図を描くと……

手順 1 グラフ(G) のメニューから レガシーダイアログ(L) を，

サブメニューから 散布図/ドット(S) を選択します．

ファイル(F) 編集(E) 表示(V) データ(D) 変換(T) 分析(A) グラフ(G) ユーティリティ(U) 拡張機能(X) ウィンドウ(W) ヘルプ(H)

グラフ(G)：図表ビルダー(C)… / グラフボード テンプレート選択(G)… / 関係マップ(R)… / ワイブル プロット… / サブグループの比較 / 回帰変数プロット / レガシー ダイアログ(L)

レガシー ダイアログ(L)：棒(B)… / 3-D 棒(3)… / 折れ線(L)… / 面(A)… / 円(E)… / ハイ ロー(H)… / 箱ひげ図(X)… / エラー バー(O)… / 人口ピラミッド(Y)… / 散布図/ドット(S)… / ヒストグラム(I)…

	企業名	宣伝広告費	売上高
1	A	107	286
2	B	336	851
3	C	233	589
4	D	82	389
5	E	61	158
6	F	378	1037
7	G	129	463
8	H	313	563
9	I	142	372
10	J	428	1020

手順 2 単純な散布 を選択して， 定義 をクリック．

手順 3　次のようにＹ軸に売上高を，Ｘ軸に宣伝広告費を移動．

続いて，オプション(O) をクリックします．

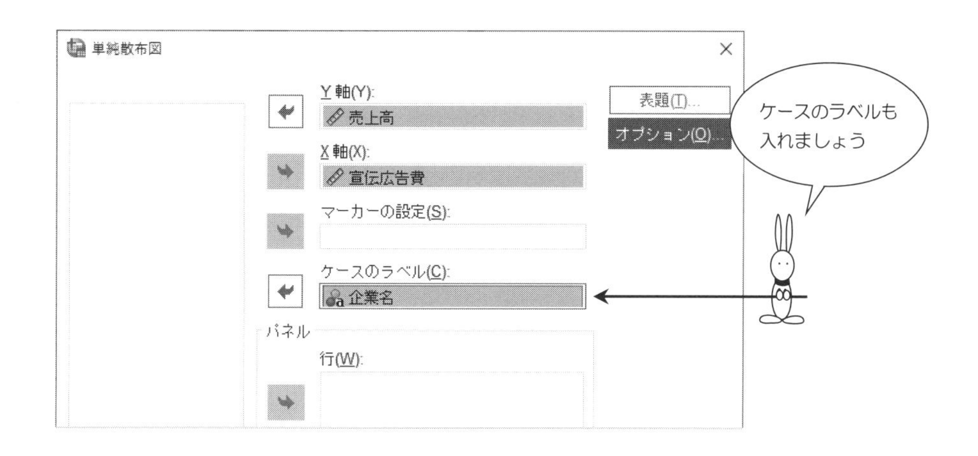

手順 4　図表にケースラベルを表示(S) のところを，チェック．

そして，続行．

手順 5　次の画面に戻ったら，OK をマウスでカチッ！

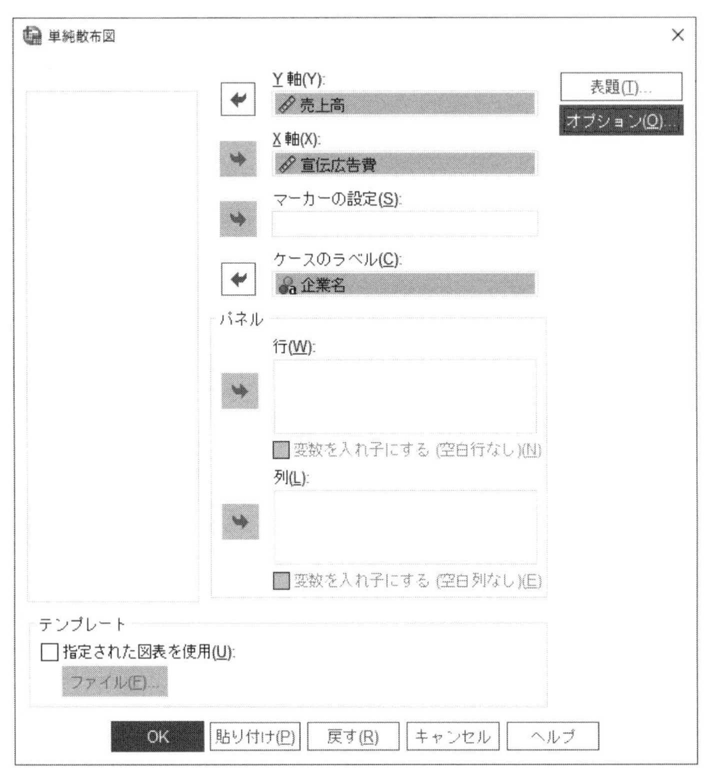

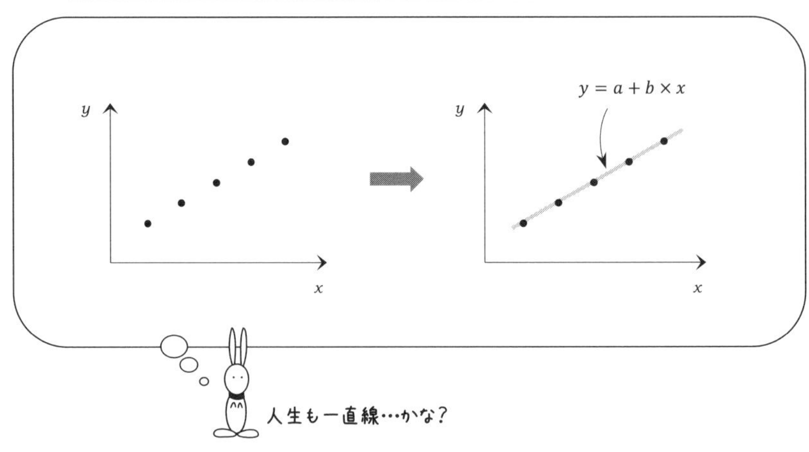

【SPSS による出力】— 散布図 —

次のように散布図が出力されます.

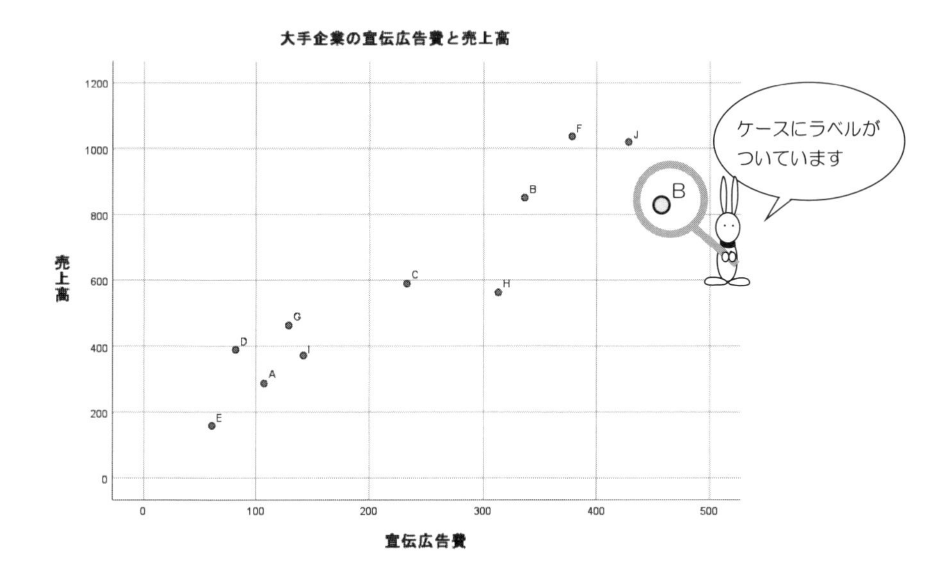

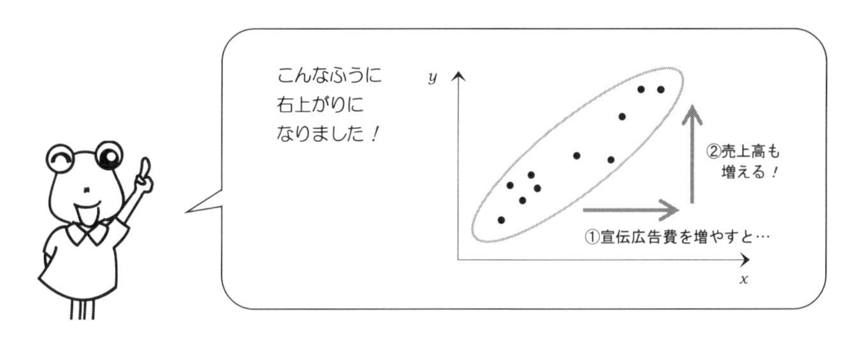

この散布図から

“宣伝広告費と売上高の間には強い正の相関がある”

ことがわかりました！

Section 7.2　相関係数を求めてみると……

手順 1　分析(A) のメニューから，相関(C) ⇨ 2 変量(B) を選択.

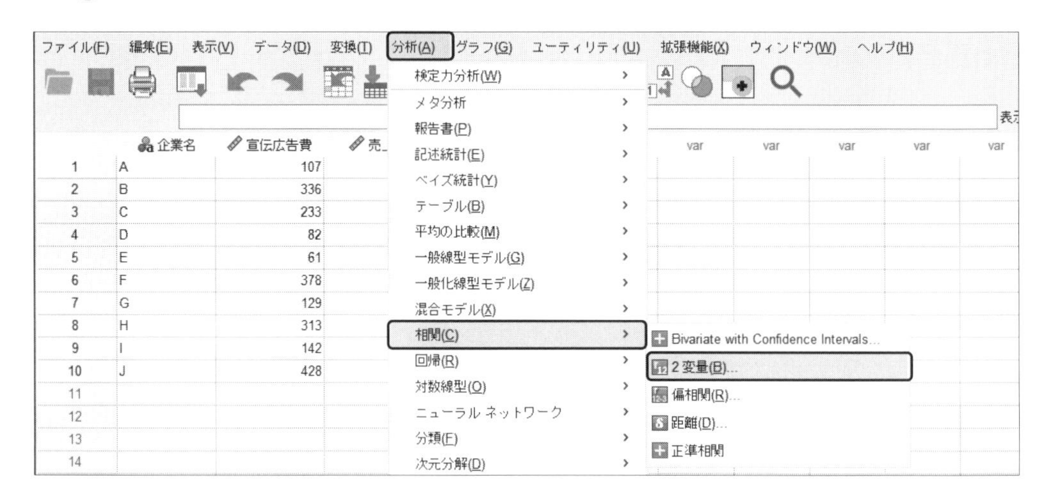

手順 2　右のように宣伝広告費と売上高を移動したら

OK をマウスでカチッ！

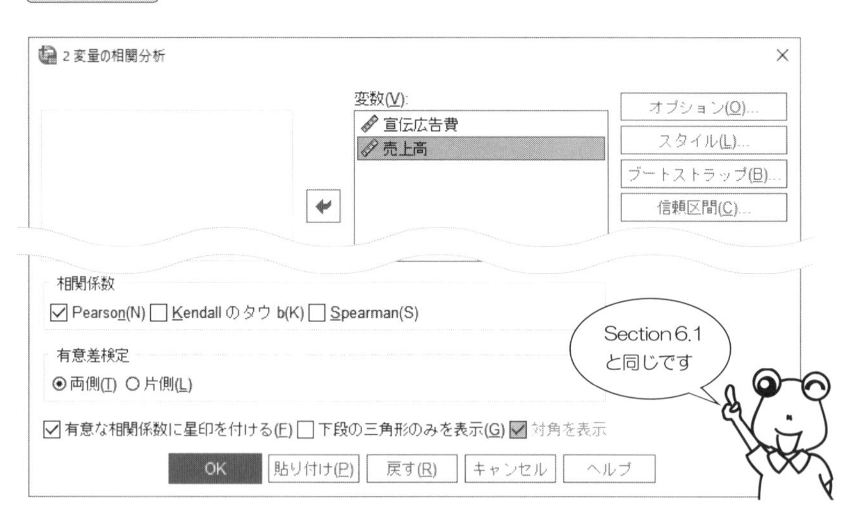

【SPSS による出力】— 相関係数 —

次のように相関係数が出力されます.

相関

相関

		宣伝広告費	売上高
宣伝広告費	Pearson の相関係数	1	.945**
	有意確率 (両側)		<.001
	度数	10	10
売上高	Pearson の相関係数	.945**	1
	有意確率 (両側)	<.001	
	度数	10	10

**. 相関係数は 1% 水準で有意 (両側) です。

← ①

有意確率（両側）は，次の仮説の検定をしています.

仮説 H_0：正規母集団の相関係数＝0

対立仮説 H_1：正規母集団の相関係数≠0

有意確率（両側）は有意水準 0.05 より小さいので，仮説 H_0 は棄てられます.

この検定を**無相関の検定**といいます.

手順① 仮説 H_0 をたてる.
手順② 有意確率を求める.
手順③ 有意確率≦有意水準 0.05 のとき
仮説 H_0 を棄てる.

【出力結果の読み取り方】— 相関係数 —

⬅① 相関係数 r は 0.945 なので，強い正の相関があることがわかります．

散布図からもわかるように，相関係数 r が 1 に近いときは

“宣伝広告費と売上高の間に 1 次式の関係がある”

つまり，直線の関係があることを示しています．

このことを，式で表現すると

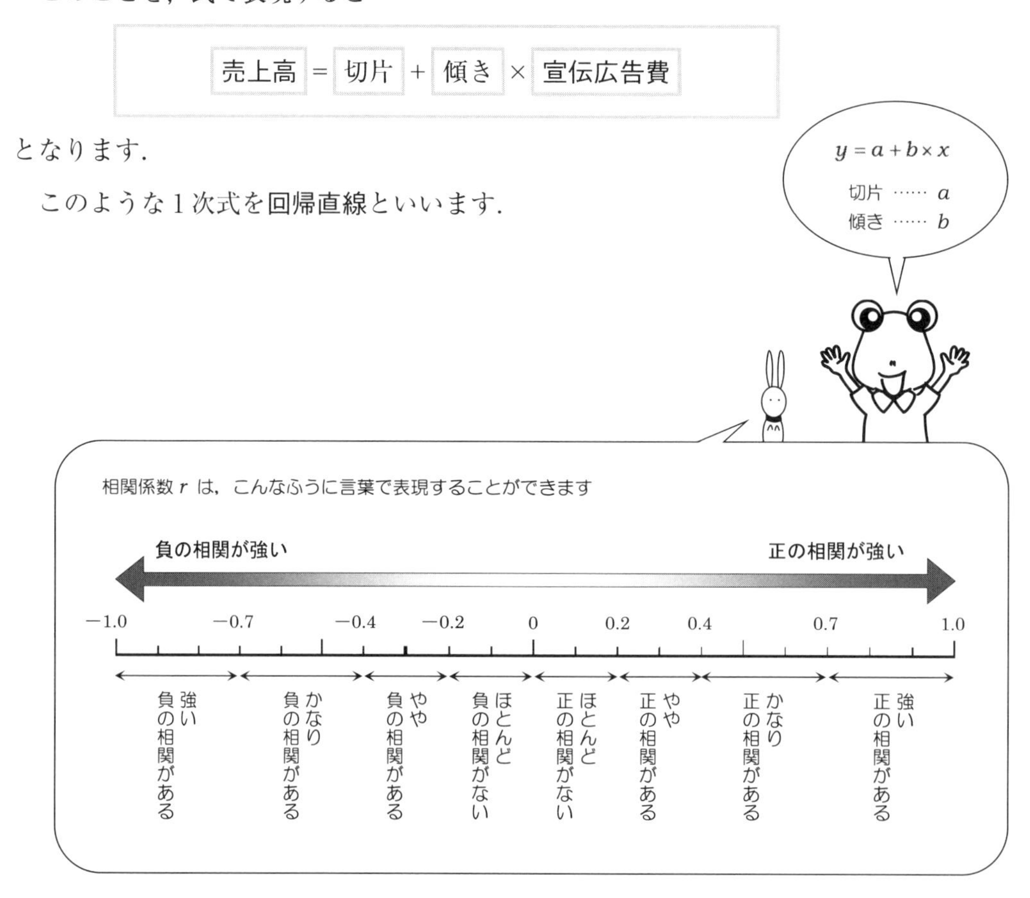

となります．

このような 1 次式を回帰直線といいます．

【回帰直線のグラフ表現】

回帰直線をグラフで表現すると……

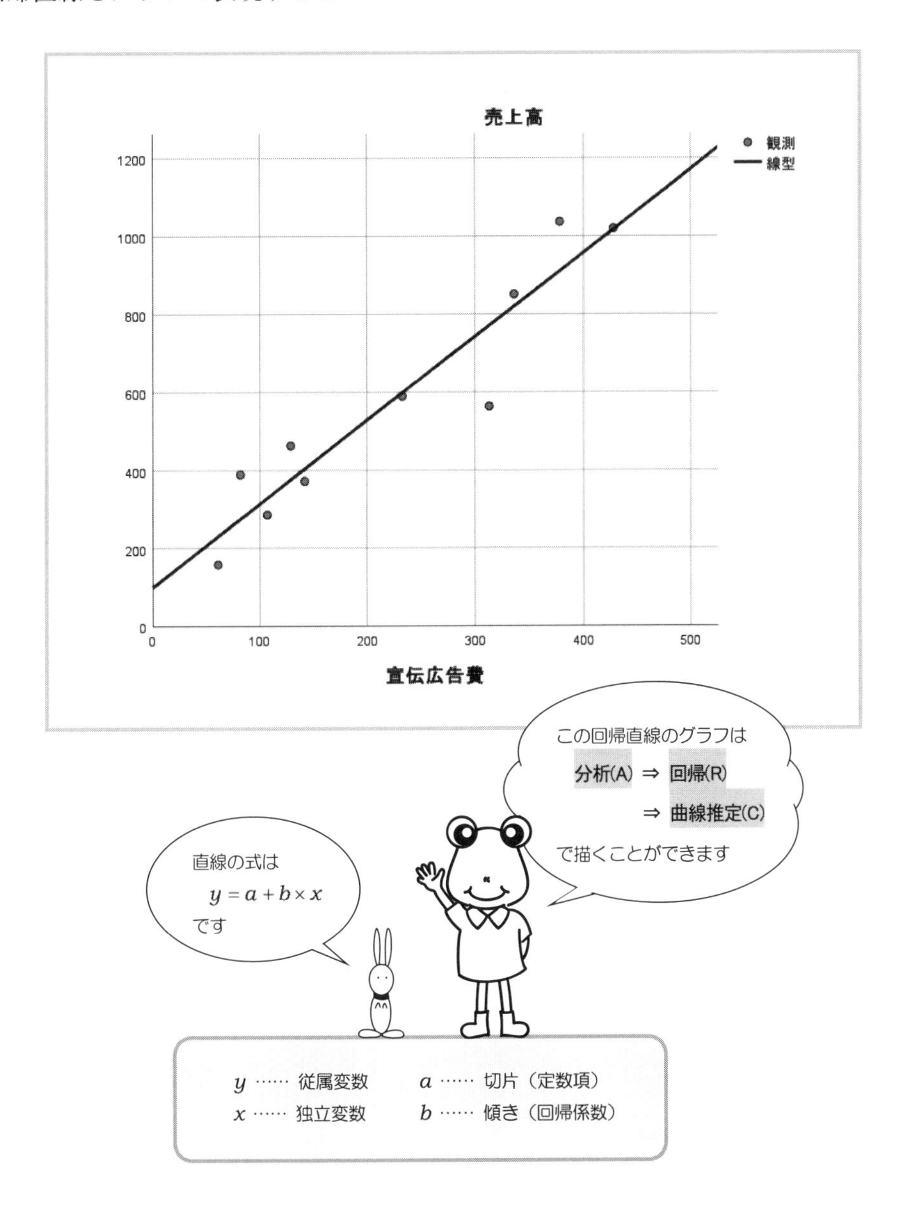

Section 7.3 回帰直線を求めてみましょう

手順 1　分析(A) のメニューから，回帰(R) ⇨ 線型(L) を選択します．

手順 2　次のように売上高と宣伝広告費を移動して， OK ！

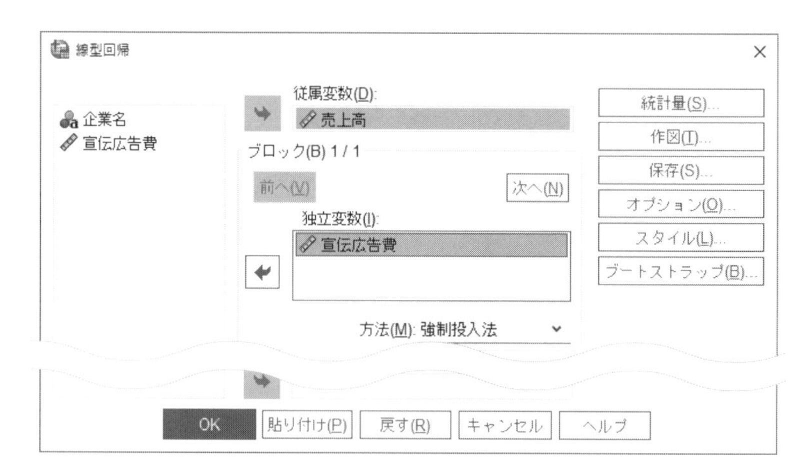

【SPSS による出力】― 回帰直線 ―

次のように回帰直線の切片と傾きが出力されます．

回帰

係数[a]

モデル		非標準化係数 B	非標準化係数 標準誤差	標準化係数 ベータ	t 値	有意確率
1	(定数)	99.075	66.771		1.484	.176
	宣伝広告費	2.145	.262	.945	8.188	<.001

a. 従属変数 売上高

②

なるほど one point

2 変数 x と y の場合，次の等式が成り立ちます．

$$\text{非標準化係数} = \frac{x \text{ と } y \text{ の共分散}}{x \text{ の分散}}$$

$$\text{標準化係数} = x \text{ と } y \text{ の相関係数}$$ ⬅ p.123

$$x \text{ と } y \text{ の相関係数} = \frac{x \text{ と } y \text{ の共分散}}{\sqrt{x \text{ の分散}} \times \sqrt{y \text{ の分散}}}$$

【出力結果の読み取り方】— 回帰直線 —

⬅② したがって，求める回帰直線の式は

となります．

回帰直線で
与えられる y の値を
“予測値”
といいます

ところで……

この 切片 99.075 と 傾き 2.145 は，どのように求めているのでしょうか？

もう一度，散布図をふり返ってみましょう．

次の図のように，いろいろな直線が散布図に当てはめられます．

どの直線が回帰直線なのでしょうか？

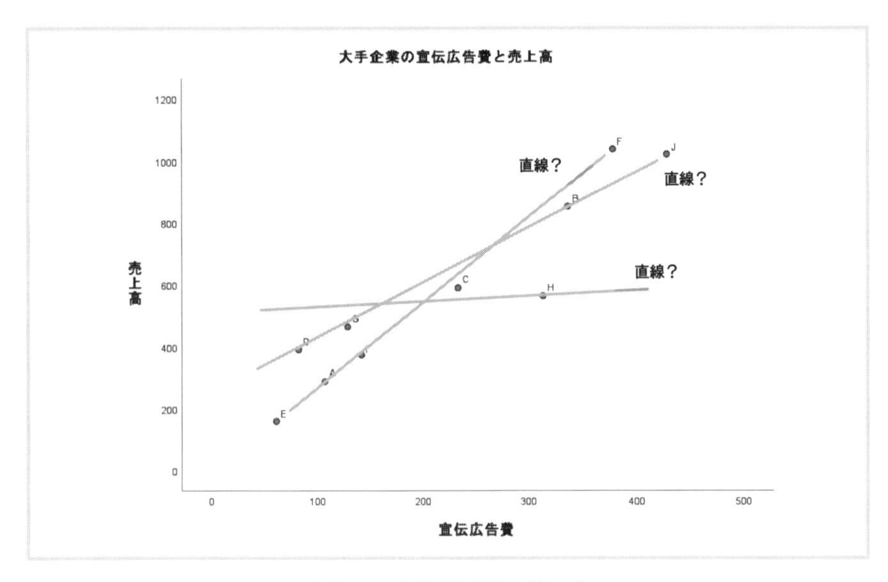

図 7.2　回帰直線はどれ？

そこで，…

直線の式の x にデータを代入した値

予測値Y ＝ 切片 ＋ 傾き × データ

を予測値Yとします．次に，

それぞれの点の残差を，次のように定義します．

残差 ＝ 実測値 y − 予測値Y

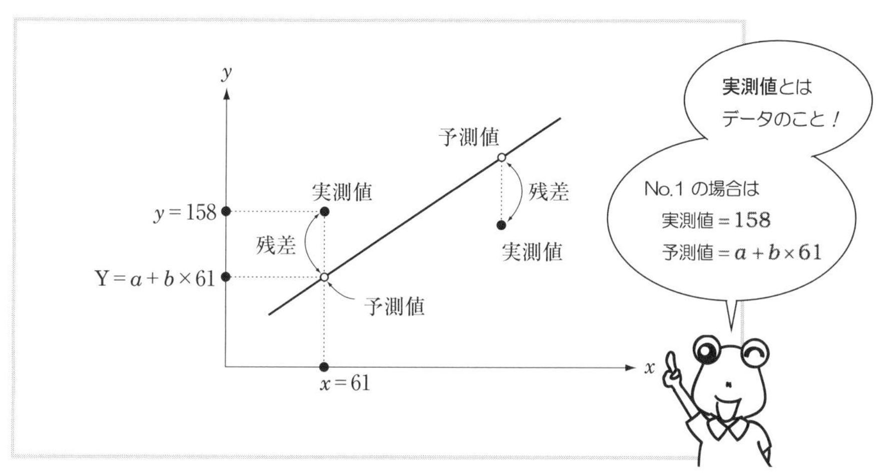

図 7.3　実測値と予測値と残差の関係

そして，この残差を最小にするように，切片 と 傾き を求めます．

これが回帰直線です．

でも，このような計算はすべて

“コンピュータにおまかせ”

としましょう！

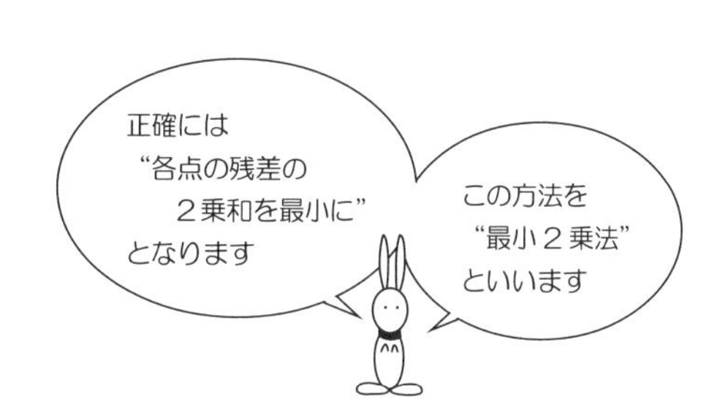

演　習

7

次のデータは，消防署から火災現場までの距離と，火災による損害金額を調査したものです．

問題 7.1　距離を独立変数，損害金額を従属変数として，回帰直線の式を求めてください．

表 7.2　火災保険調査

No.	距離	損害金額
1	3.4	26.2
2	1.8	17.8
3	4.6	31.3
4	2.3	23.1
5	3.1	27.5
6	5.5	36.0
7	0.7	14.1
8	3.0	22.3
9	2.6	19.6
10	4.3	31.3
11	2.1	24.0
12	1.1	17.3
13	6.1	43.2
14	4.8	36.4
15	3.8	26.1

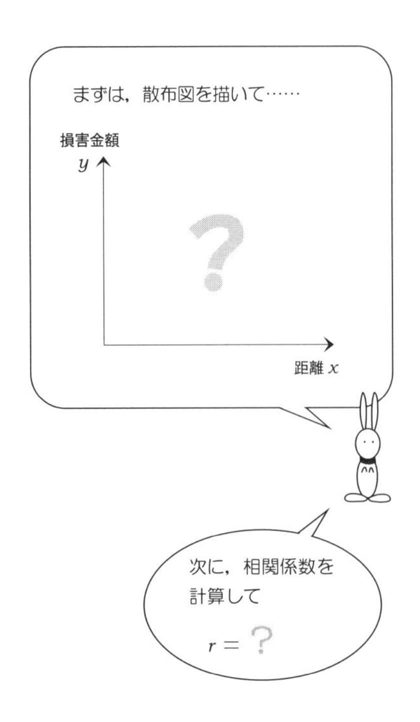

解答 7.1　回帰

係数[a]

モデル		非標準化係数 B	標準誤差	標準化係数 ベータ	t値	有意確率
1	(定数)	10.278	1.420		7.237	<.001
	距離	4.919	.393	.961	12.525	<.001

a. 従属変数 損害金額

したがって，求める回帰直線の式は

$$\boxed{損害金額} = \boxed{10.278} + \boxed{4.919} \times \boxed{距離}$$

となります.

8章 標準正規分布の数表の作り方

統計学の教科書のうしろには，次のような数表が付いています．

表 8.1　標準正規分布の確率 α とパーセント点 $z(\alpha)$

α	$z(\alpha)$	α	$z(\alpha)$	α	$z(\alpha)$	α	$z(\alpha)$	α	$z(\alpha)$
0.500	0.00	0.050	1.64	0.030	1.88	0.020	2.05	0.010	2.33
0.450	0.13	0.048	1.66	0.029	1.90	0.019	2.07	0.009	2.37
0.400	0.25	0.046	1.68	0.028	1.91	0.018	2.10	0.008	2.41
0.350	0.39	0.044	1.71	0.027	1.93	0.017	2.12	0.007	2.46
0.300	0.52	0.042	1.73	0.026	1.94	0.016	2.14	0.006	2.51
0.250	0.67	0.040	1.75	0.025	1.96	0.015	2.17	0.005	2.58
0.200	0.84	0.038	1.77	0.024	1.98	0.014	2.20	0.004	2.65
0.150	1.04	0.036	1.80	0.023	2.00	0.013	2.23	0.003	2.75
0.100	1.28	0.034	1.83	0.022	2.01	0.012	2.26	0.002	2.88
		0.032	1.85	0.021	2.03	0.011	2.29	0.001	3.09

この表のことを，確率分布の数表といいます．

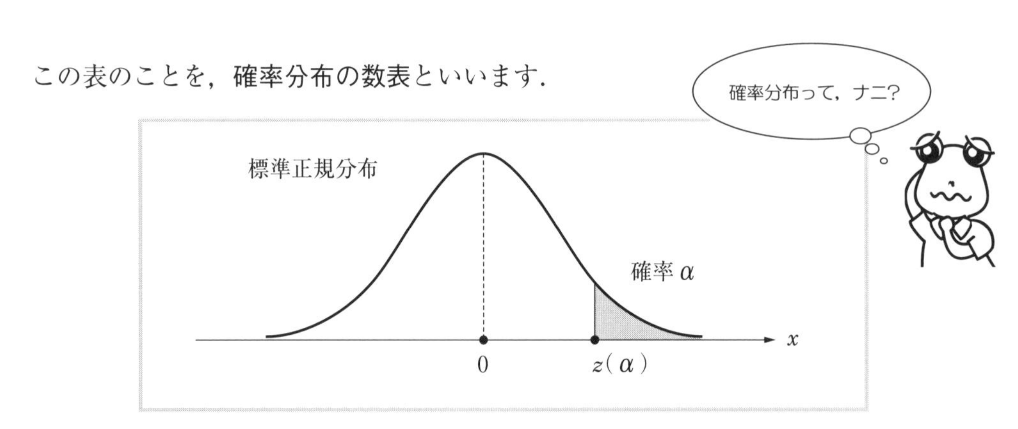

図 8.1　確率 α とパーセント点 $z(\alpha)$ の関係

確率分布には

- 一様分布（uniform distribution）
- ウィシャート分布（Wishart distribution）
- **F分布**（F distribution）
- **カイ２乗分布**（chi-square distribution）
- ガウス分布（Gauss distribution）
- 幾何分布（geometric distribution）
- コーシー分布（Cauchy distribution）
- **正規分布**（normal distribution）
- 多項分布（multinomial distribution）
- ２項分布（binomial distribution）
- 超幾何分布（hypergeometric distribution）
- **t 分布**（t distribution）
- ベータ分布（beta distribution）
- ポアソン分布（Poisson distribution）

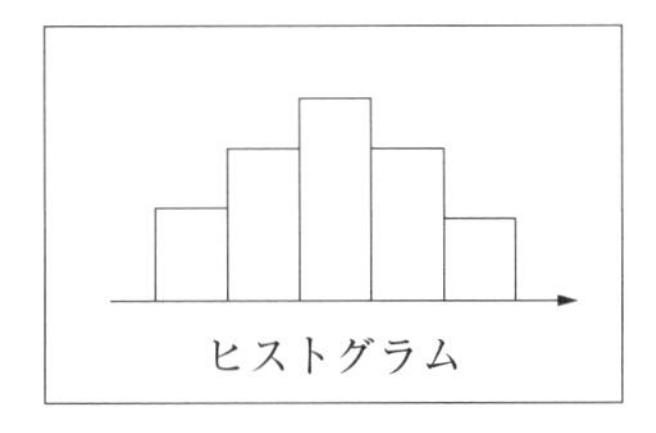

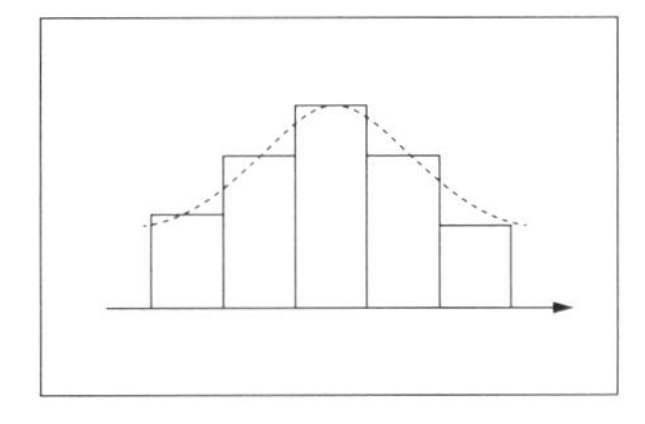

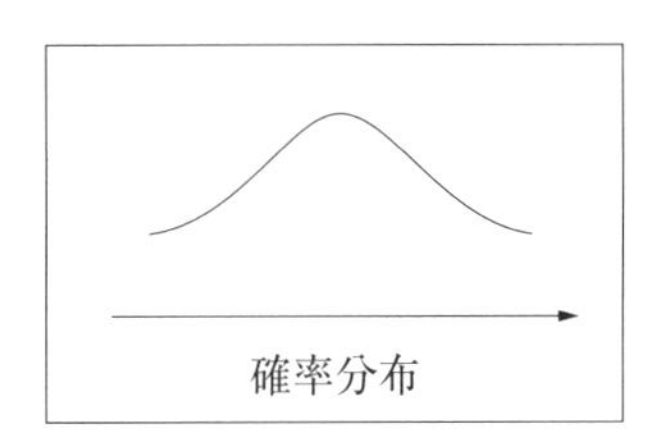

のように，たくさんの分布がありますが……

特に大切なのは

標準正規分布　　**t 分布**　　**カイ２乗分布**　　**F 分布**

の４つです．

確率分布の定義はちょっと大変です．でも，

あまり気にしないで，いろいろな

“確率分布の数表”

を作ってみましょう!!

Section 8.1　標準正規分布の数表を作りましょう

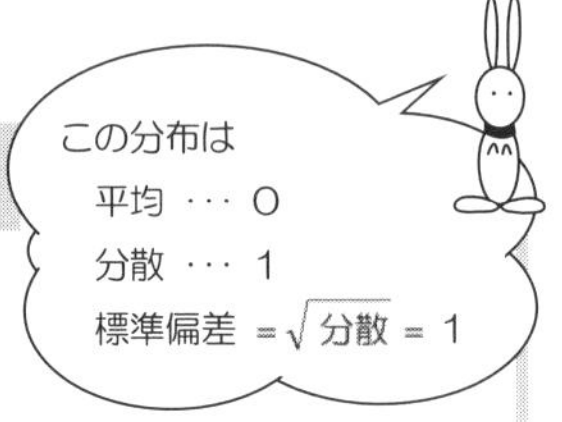

標準正規分布の定義

確率変数 X の確率密度関数 $f(x)$ が

$$f(x) = \frac{1}{\sqrt{2\pi}} \times e^{-\frac{x^2}{2}}$$

で表されるとき，この確率分布を標準正規分布 $N(0, 1^2)$ という．

この確率分布のグラフを調べてみることにしましょう．
次のようなグラフになります．

【標準正規分布のグラフ】

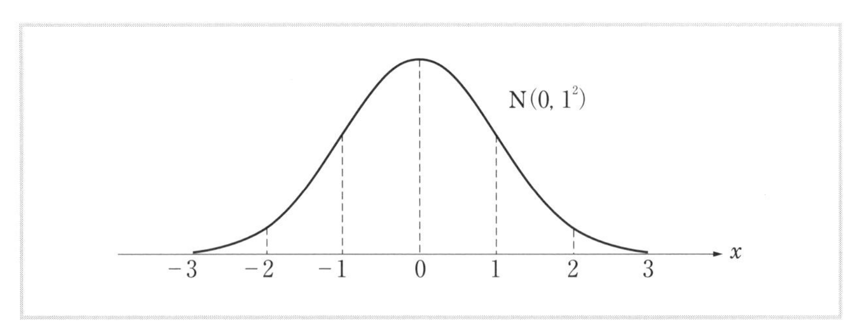

図 8.2　平均が 0，**標準偏差が** 1 **の標準正規分布** $N(0, 1^2)$

平均 0 を中心に左右対称になっているのが，このグラフの特徴です．

そして，このグラフの面積が標準正規分布の確率になっています．

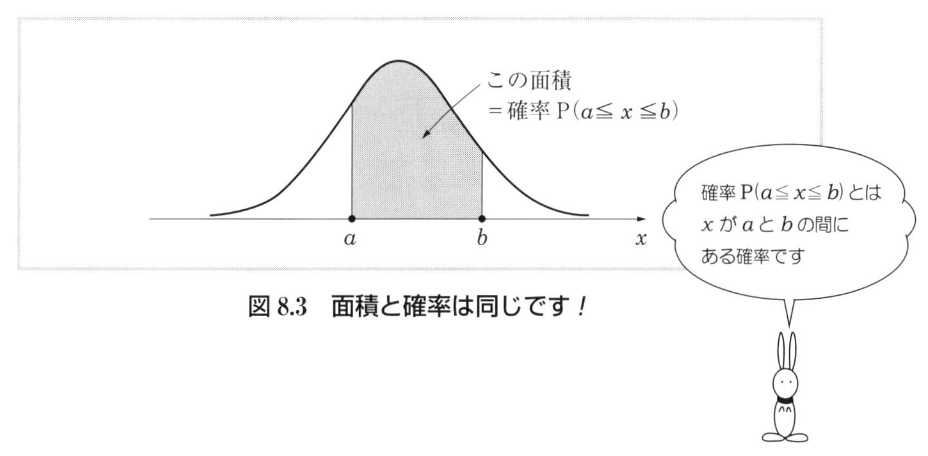

図 8.3　面積と確率は同じです！

ところで，統計解析で大切なのは，次の図 8.4 のように

“ 確率 α が与えられたときの $z(\alpha)$ の値”

です．

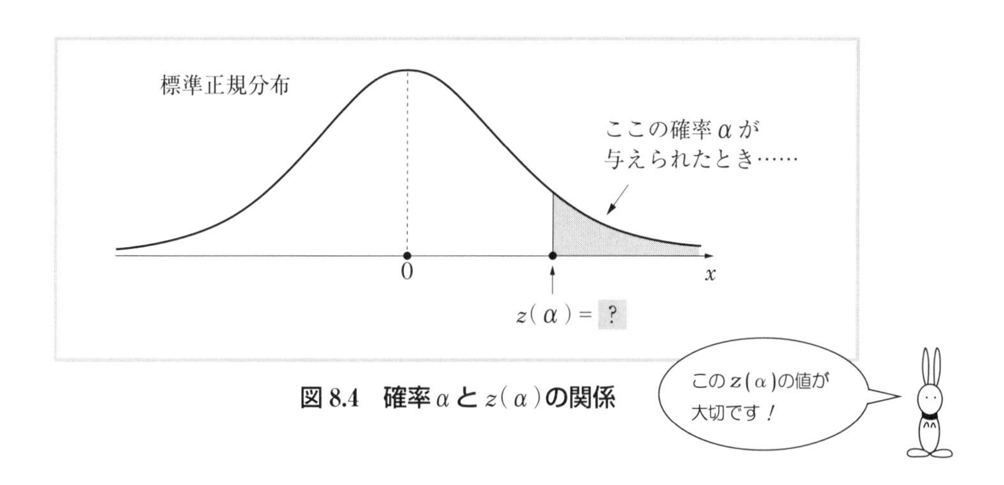

図 8.4　確率 α と $z(\alpha)$ の関係

SPSS を使うと，カンタンに，この値 $z(\alpha)$ ＝ ？ を求めることができます．

【標準正規分布の数表の作り方】

手順 1　データビューの画面に，次のように準備します．

	確率	確率α
1	.995	.005
2	.990	.010
3	.985	.015
4	.980	.020
5	.975	.025
6	.970	.030
7	.965	.035
8	.960	.040
9	.955	.045
10	.950	.050

手順 2　変換(T) のメニューから，変数の計算(C) を選択．

手順 **3**　次の画面になったら，目標変数(T) の中へ，z の値 と入力．

手順 **4**　次に 関数グループ(G) から すべて を，関数と特殊変数(F) の中から Idf. Normal を探して……

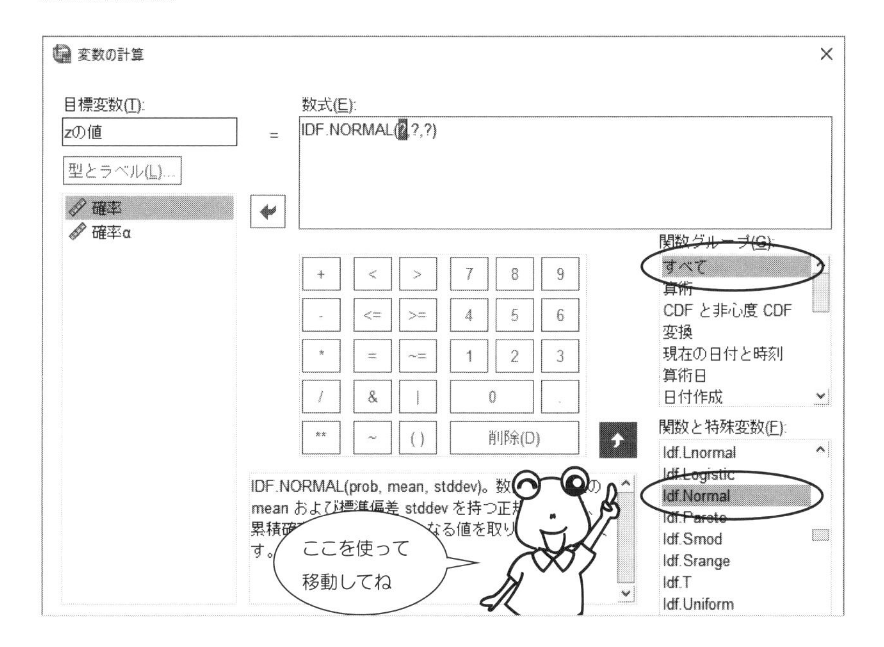

手順 5　そこで，確率をダブルクリックすると，次のようになります．

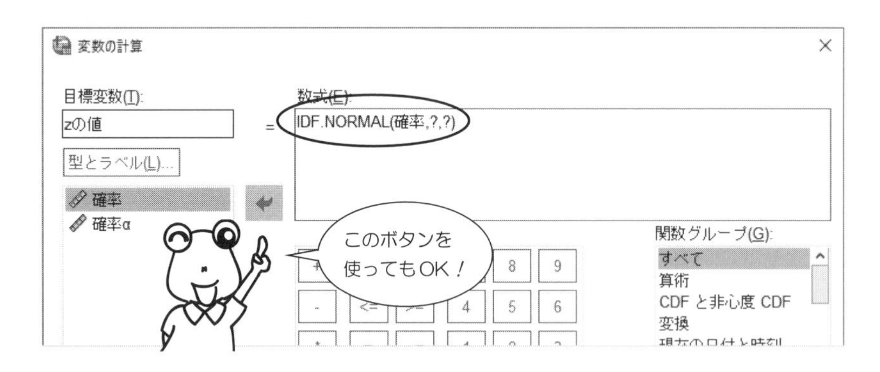

手順 6　続いて，0 と 1 を次のように入力します．

あとは，OK をマウスでカチッ！

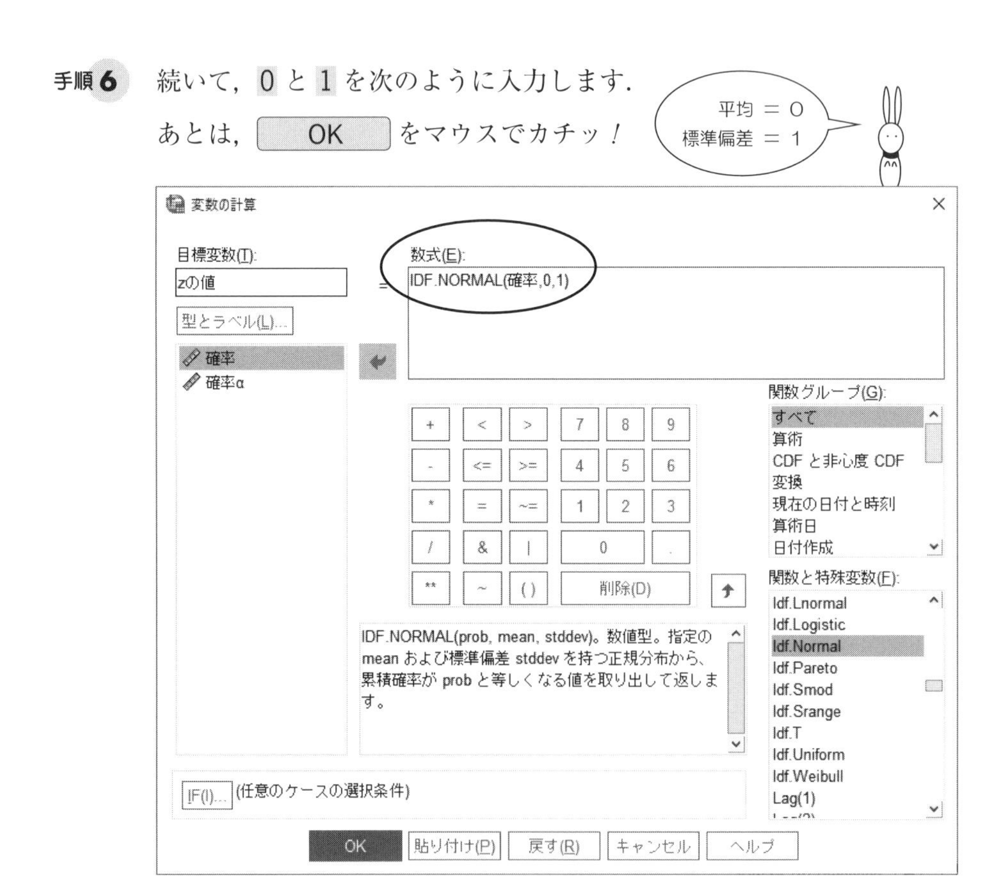

【SPSS による出力】— 標準正規分布の数表 —

データビューの画面に，zの値 という新しい変数ができて

$z(\alpha)$ の値が求まっています．

	確率	確率α	zの値	var	var	var	var	var
1	.995	.005	2.58					
2	.990	.010	2.33					
3	.985	.015	2.17					
4	.980	.020	2.05					
5	.975	.025	1.96					
6	.970	.030	1.88					
7	.965	.035	1.81					
8	.960	.040	1.75					
9	.955	.045	1.70					
10	.950	.050	1.64					
11								
12								
13								
14								
15								
16								
17								

つまり
$z(0.005) = 2.58$
$z(0.010) = 2.33$
⋮
$z(0.050) = 1.64$
ということです

zの値の小数桁数を
5ケタまでにしたいときは
変数ビューの画面で
小数桁数 を 5 とします
（p.11 の手順3）

この zの値（$= z(\alpha)$）は，グラフで説明すると次のようになります．

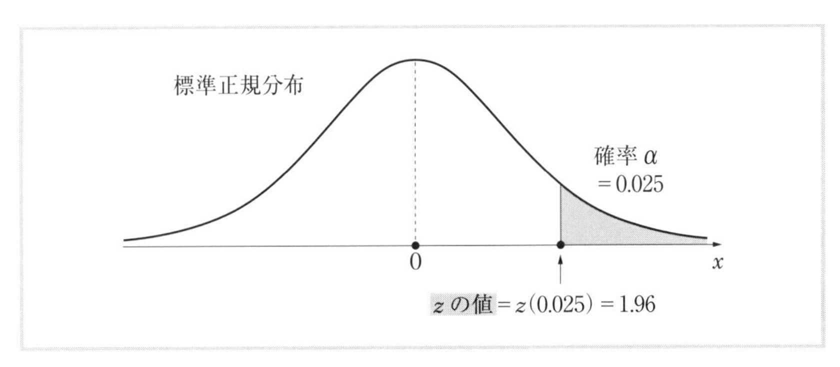

図 8.5　確率 α と zの値 の関係（確率 α = 0.025 の場合）

ところで，このグラフは 0 を中心に左右対称なので，
左の部分の値を知りたいときは，
次の図のように，z の値 にマイナスをつければいいですね！

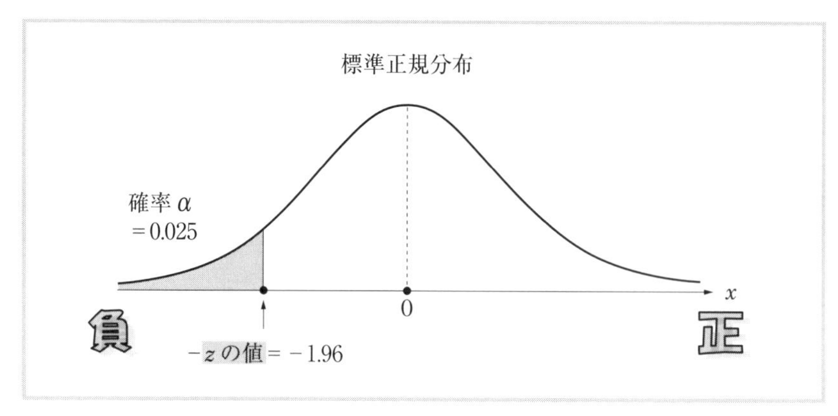

図 8.6　z の値がマイナスの場合

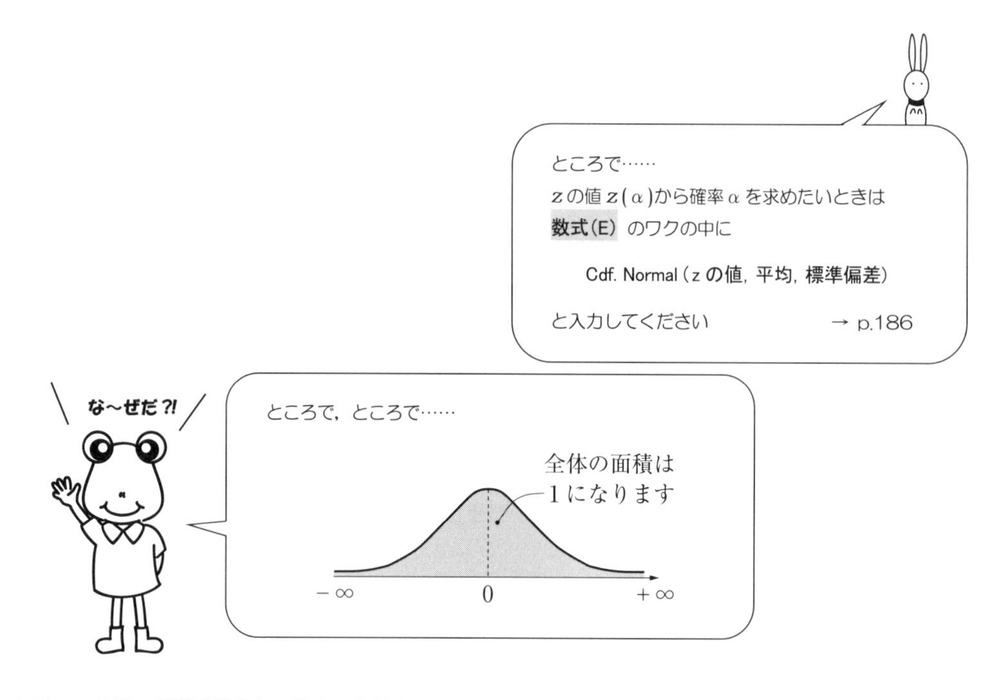

演習

8

問題 8.1

表 8.1 の数表を SPSS で作ってみましょう.

解答 8.1

	確率	確率α	zの値
1	.500	.500	.00
2	.550	.450	.13
3	.600	.400	.25
4	.650	.350	.39
5	.700	.300	.52
6	.750	.250	.67
7	.800	.200	.84
8	.850	.150	1.04
9	.900	.100	1.28
10	.950	.050	1.64
11	.952	.048	1.66
12	.954	.046	1.68
13	.956	.044	1.71
14	.958	.042	1.73
15	.960	.040	1.75
16	.962	.038	1.77
17	.964	.036	1.80
18	.966	.034	1.83
19	.968	.032	1.85
20	.970	.030	1.88
21	.971	.029	1.90
22	.972	.028	1.91
23	.973	.027	1.93
24	.974	.026	1.94
25	.975	.025	1.96
26	.976	.024	1.98
27	.977	.023	2.00
28	.978	.022	2.01
29	.979	.021	2.03
30	.980	.020	2.05
31	.981	.019	2.07
32	.982	.018	2.10
33	.983	.017	2.12
34	.984	.016	2.14
35	.985	.015	2.17
36	.986	.014	2.20
37	.987	.013	2.23
38	.988	.012	2.26
39	.989	.011	2.29
40	.990	.010	2.33
41	.991	.009	2.37
42	.992	.008	2.41
43	.993	.007	2.46
44	.994	.006	2.51
45	.995	.005	2.58
46	.996	.004	2.65
47	.997	.003	2.75
48	.998	.002	2.88
49	.999	.001	3.09
50			

カイ2乗分布・t 分布・F 分布の数表

Section 9.1　カイ 2 乗分布の数表を作りましょう

カイ 2 乗分布は，母分散の推定や独立性の検定のときに利用します．

カイ 2 乗分布の定義

確率変数 X の確率密度関数 $f(x)$ が

$$f(x)=\frac{1}{2^{\frac{n}{2}}\times\Gamma\left(\frac{n}{2}\right)}x^{\frac{n}{2}-1}\times e^{-\frac{x}{2}}\qquad(0<x<\infty)$$

で表されるとき，この確率分布を，自由度 n のカイ 2 乗分布という．

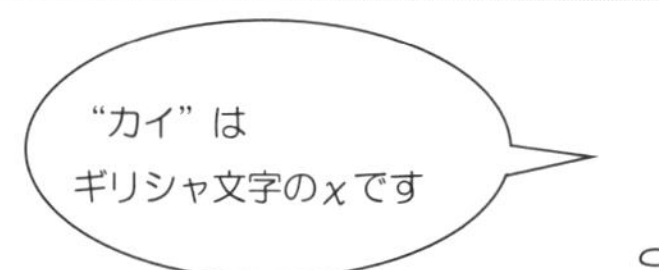

$\Gamma(m)$ はガンマ関数で，次の関係式

$$\Gamma(m+1)=m\times\Gamma(m)$$

をみたします．

このガンマ関数について，次の等号が成立します．

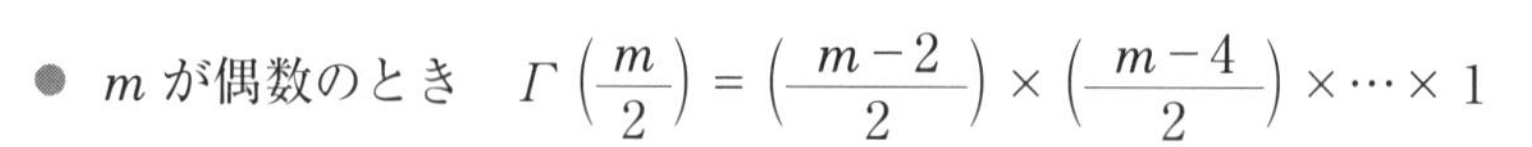

- m が偶数のとき　$\Gamma\left(\frac{m}{2}\right)=\left(\frac{m-2}{2}\right)\times\left(\frac{m-4}{2}\right)\times\cdots\times 1$
- m が奇数のとき　$\Gamma\left(\frac{m}{2}\right)=\left(\frac{m-2}{2}\right)\times\left(\frac{m-4}{2}\right)\times\cdots\times\frac{1}{2}\times\sqrt{\pi}$

カイ2乗分布は，次のように登場します．

確率変数 $X_1, X_2, \cdots, X_n$ が互いに独立に同一の正規分布 $N(\mu, \sigma^2)$ に従うとき，

$$統計量\ \chi^2 = \frac{(X_1-\overline{X})^2+(X_2-\overline{X})^2+\cdots+(X_n-\overline{X})^2}{\sigma^2}$$

の分布は，自由度 $n-1$ のカイ2乗分布に従う．

これでは，よくわかりませんね．

このようなときは，カイ2乗分布のグラフを見て理解しましょう．

【自由度 m のカイ2乗分布のグラフ】

カイ2乗分布は自由度 m が変わると，グラフの形も変わります．

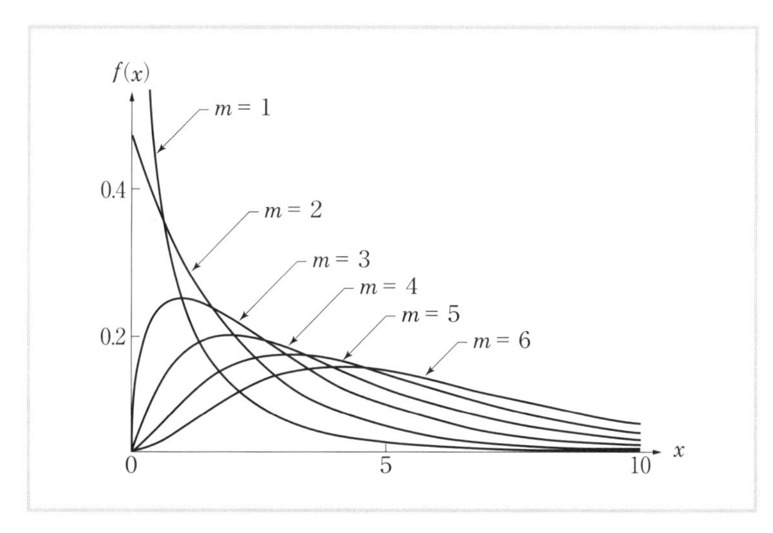

図 9.1　自由度 m のカイ2乗分布のグラフ

カイ２乗分布の場合，統計解析で使われる部分は次のところです．

つまり

“ 確率 α が与えられたときの $\chi^2(m; \alpha)$ の値”

です．

たとえば，確率 $\alpha = 0.05$ の場合……

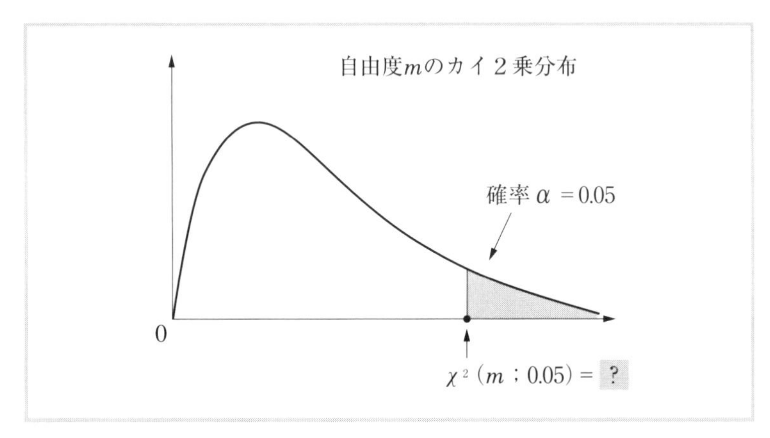

図 9.2　確率 α と $\chi^2(m; \alpha)$ の値

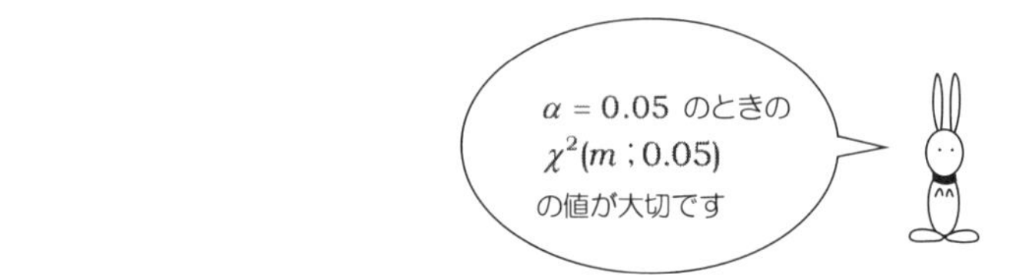

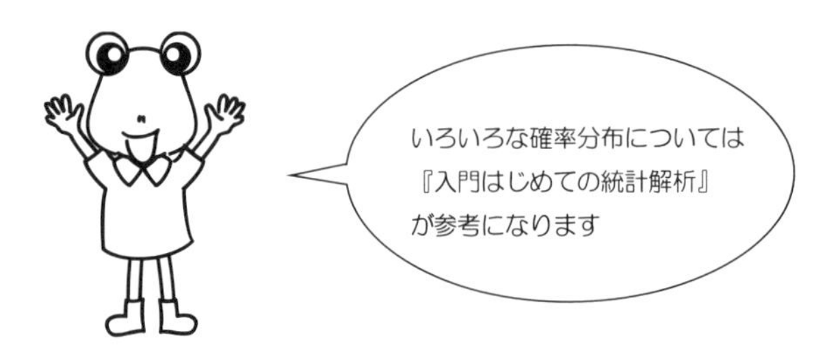

【カイ２乗分布の数表の作り方】

手順 1　データビューの画面に，次のように用意します．

	確率	自由度	確率α	var	var	var	var	var	var
1	.95	1	.05						
2	.95	2	.05						
3	.95	3	.05						
4	.95	4	.05						
5	.95	5	.05						
6	.95	6	.05						
7	.95	7	.05						
8	.95	8	.05						
9	.95	9	.05						
10	.95	10	.05						
11									
12									
13									

アルファ
α

確率α＝１－確率

手順 2　変換(T) のメニューから 変数の計算(C) を選択．

次の画面になったら，目標変数(T) の中に， カイ２乗の値 と入力．

手順 3　関数グループ(G) の すべて の中から Idf.Chisq を見つけ出して……

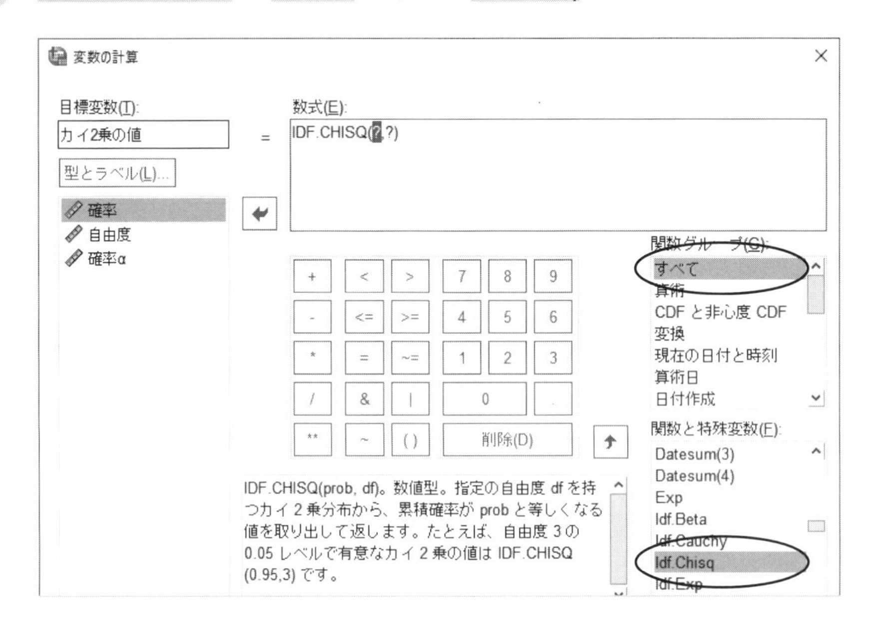

手順 4　確率と自由度を 数式(E) の中へ移動．あとは， OK ！

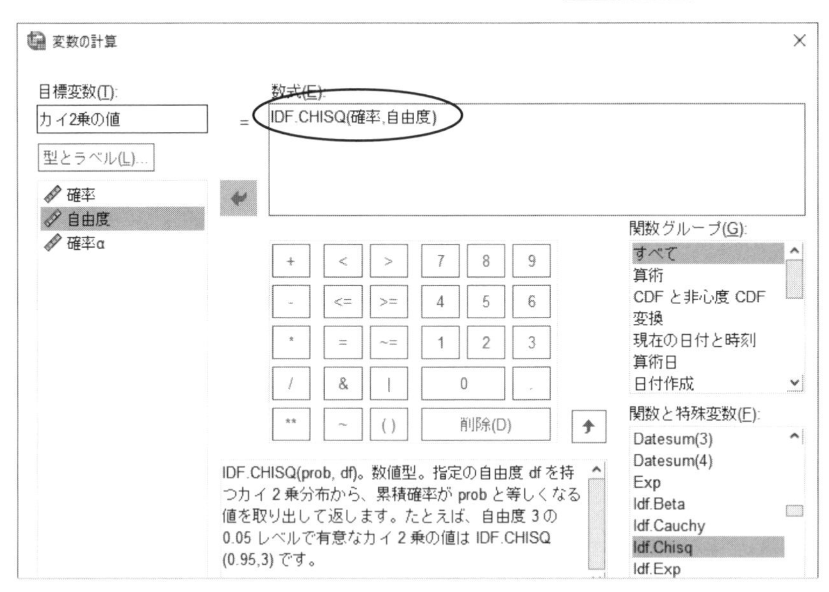

【SPSS による出力】— カイ 2 乗分布の数表 —

データビューの画面は次のようになります.

	確率	自由度	確率α	カイ2乗の値	var	var	var	var
1	.95	1	.05	3.84				
2	.95	2	.05	5.99				
3	.95	3	.05	7.81				
4	.95	4	.05	9.49				
5	.95	5	.05	11.07				
6	.95	6	.05	12.59				
7	.95	7	.05	14.07				
8	.95	8	.05	15.51				
9	.95	9	.05	16.92				
10	.95	10	.05	18.31				
11								
12								
13								
14								
15								
16								
17								

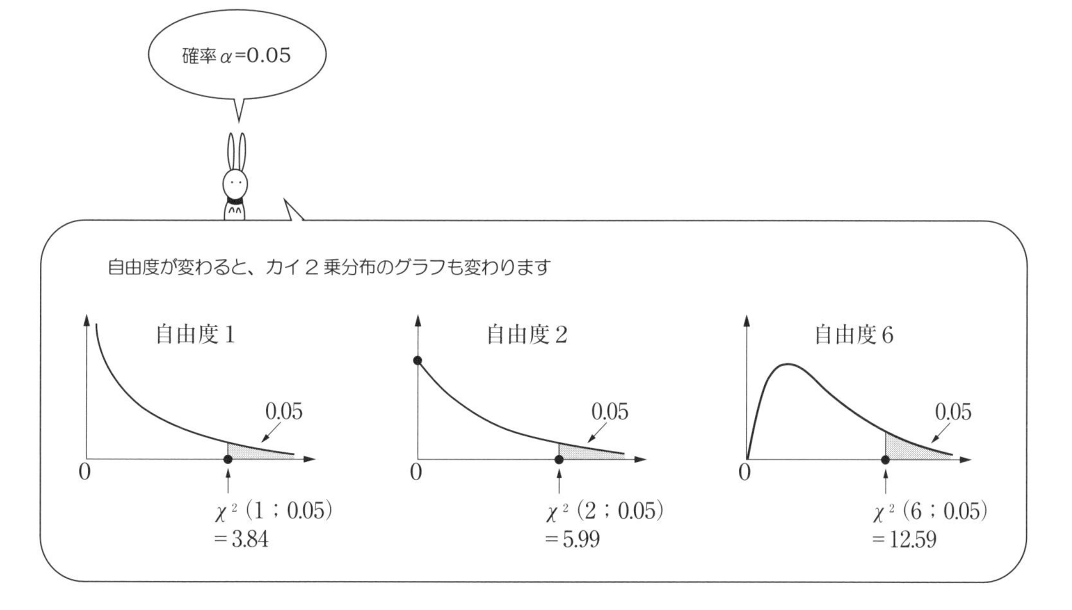

Section 9.2　t 分布の数表を作りましょう

t 分布は，母平均の推定や母平均の差の検定のときに利用します．

t 分布の定義

確率変数 X の確率密度関数 $f(x)$ が

$$f(x)=\frac{\Gamma\left(\frac{n+1}{2}\right)}{\sqrt{n\pi}\times\Gamma\left(\frac{n}{2}\right)\times\left(1+\frac{x^2}{n}\right)^{\frac{n+1}{2}}}\qquad(-\infty< x<\infty)$$

で表されるとき，この確率分布を自由度 n の t 分布という．

t 分布は，次のようにして登場します．

確率変数 $X_1, X_2, \cdots, X_n$ が互いに独立に同一の正規分布 $N(\mu,\sigma^2)$ に従うとする．

このとき

$$s^2=\frac{(X_1-\overline{X})^2+(X_2-\overline{X})^2+\cdots+(X_n-\overline{X})^2}{n-1}$$

とおくと

$$\text{統計量 } t=\frac{\overline{X}-\mu}{\sqrt{\frac{s^2}{n}}}$$

の分布は，自由度 $n-1$ の t 分布に従う．

このようなときは，t 分布のグラフを見て理解しましょう．

【自由度 m の t 分布のグラフ】

t 分布は自由度 m の値によって，その形が少しずつ変化します．

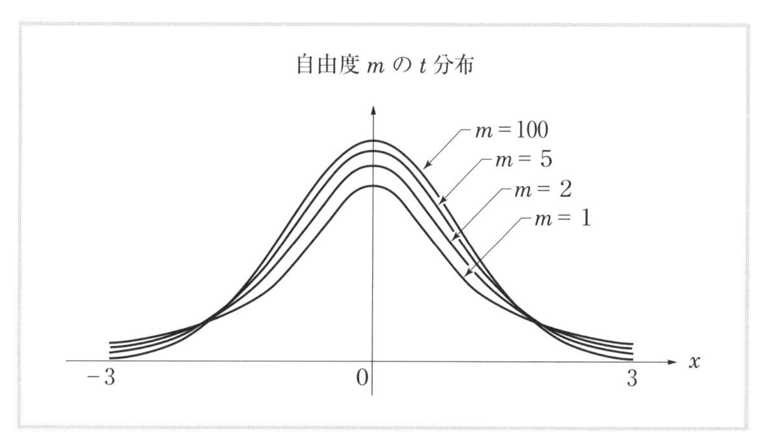

図 9.3　自由度 m の t 分布のグラフ

t 分布の場合，統計解析で必要な値は次の $t(m;\alpha)$ です．

たとえば，確率 $\alpha = 0.025$ の場合……

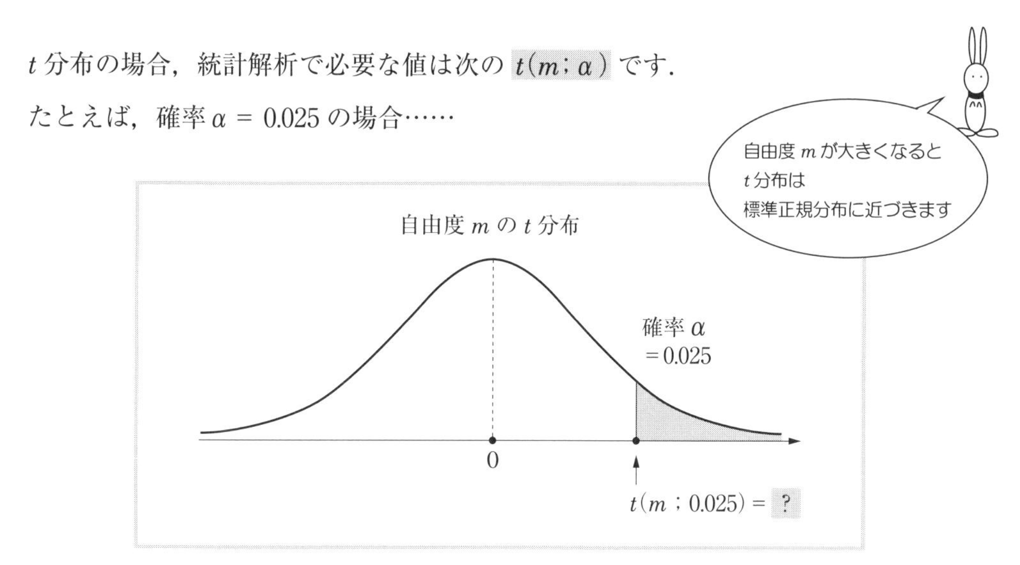

図 9.4　確率 α と $t(m;\alpha)$ の値

【t 分布の数表の作り方】

手順 1 次の表をデータビューの画面に用意します．あとは……

	確率	自由度	確率α	var	var	var	var	var	var
1	.975	1	.025						
2	.975	2	.025						
3	.975	3	.025						
4	.975	4	.025						
5	.975	5	.025						
6	.975	6	.025						
7	.975	7	.025						
8	.975	8	.025						
9	.975	9	.025						
10	.975	10	.025						
11									
12									
13									
14									
15									
16									

確率と確率 α を3ケタにしておきましょう

確率 α ＝1－確率

手順 2 変換(T) のメニューから 変数の計算(C) を選択．

次の画面になったら，目標変数(T) の中に，t の値 と入力．

手順 3 関数グループ(G) の すべて の中から Idf.T を探し出して……

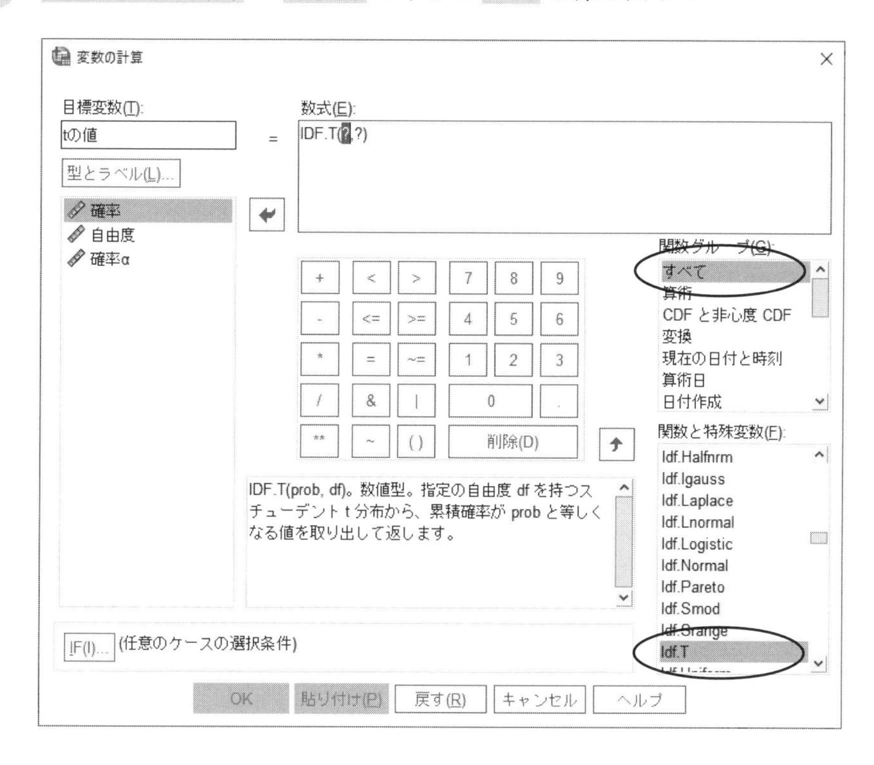

手順 4 確率を 数式(E) の中へ移動して……

手順 5　最後に，自由度を 数式(E) の中へ移動します．

あとは OK をマウスでカチッ！

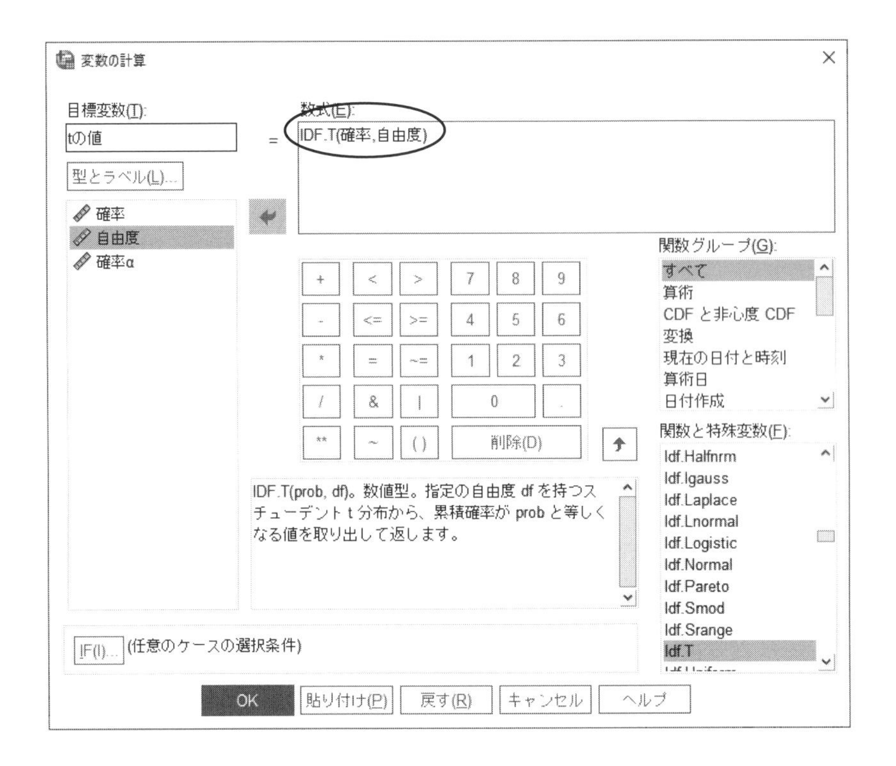

【SPSS による出力】— t 分布の数表 —

データビューの画面が，次のようになります！

	確率	自由度	確率α	tの値	var	var	var	var
1	.975	1	.025	12.706				
2	.975	2	.025	4.303				
3	.975	3	.025	3.182				
4	.975	4	.025	2.776				
5	.975	5	.025	2.571				
6	.975	6	.025	2.447				
7	.975	7	.025	2.365				
8	.975	8	.025	2.306				
9	.975	9	.025	2.262				
10	.975	10	.025	2.228				
11								
12								
13								
14								
15								

t の値の小数桁数を
５ケタまでにしたいときは
変数ビューの画面で
小数桁数 を 5 とします

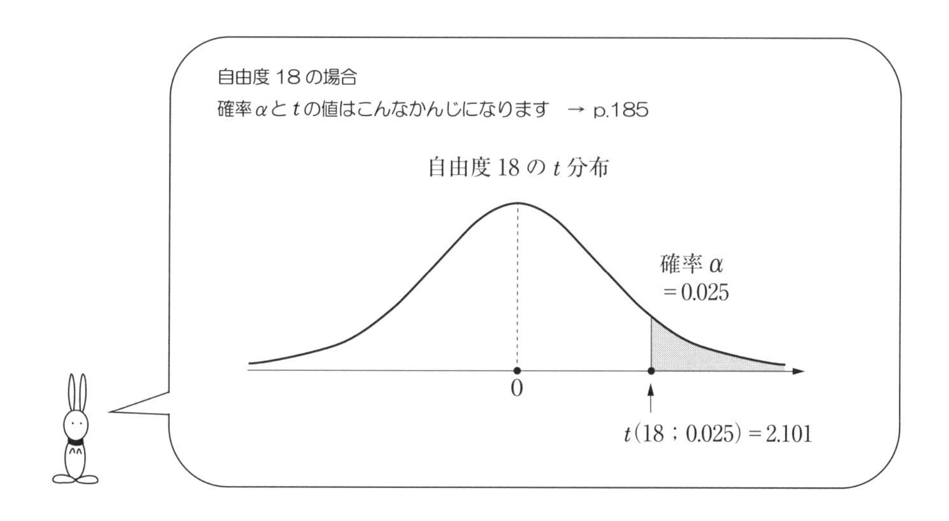

Section 9.3　F分布の数表を作りましょう

F分布の定義

確率変数Xの確率密度関数 $f(x)$ が

$$f(x)=\frac{\Gamma\left(\frac{m+n}{2}\right)\times\left(\frac{m}{n}\right)^{\frac{m}{2}}\times x^{\frac{m}{2}-1}}{\Gamma\left(\frac{m}{2}\right)\times\Gamma\left(\frac{n}{2}\right)\times\left(1+\frac{m}{n}x\right)^{\frac{m+n}{2}}}\qquad(0<x<\infty)$$

で表されるとき，この確率分布を自由度 (m,n) のF分布という．

F分布は次のようにして登場します．

確率変数 $X_1, X_2, \cdots, X_m$, と $Y_1, Y_2, \cdots, Y_n$ は互いに独立で

$X_i\ (i=1,2,\cdots,m)$ は正規分布 $N(\mu_1, \sigma_1^2)$

$Y_j\ (j=1,2,\cdots,n)$ は正規分布 $N(\mu_2, \sigma_2^2)$

に従っているとする．このとき

$$s_1^2=\frac{(X_1-\overline{X})^2+(X_2-\overline{X})^2+\cdots+(X_m-\overline{X})^2}{m-1}$$

$$s_2^2=\frac{(Y_1-\overline{Y})^2+(Y_2-\overline{Y})^2+\cdots+(Y_n-\overline{Y})^2}{n-1}$$

とおくと，

$$\text{統計量 } F=\frac{s_1^2\times\sigma_2^2}{s_2^2\times\sigma_1^2}$$

は自由度 $(m-1, n-1)$ のF分布に従う．

このようなときは，F 分布のグラフを見ることにしましょう．

【自由度 (m, n) の F 分布のグラフ】

F 分布には，2 つの自由度（m, n）があります．

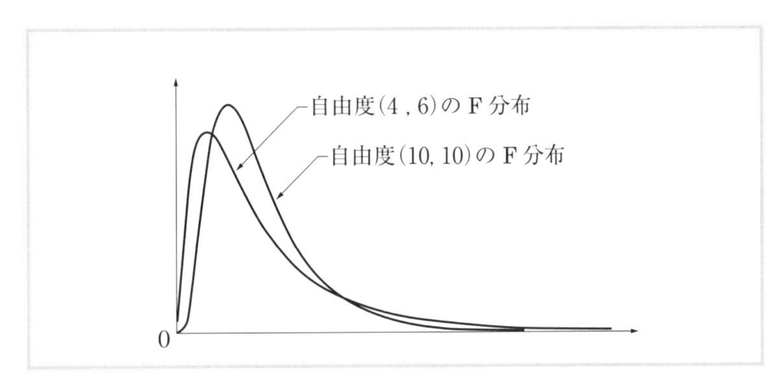

図 9.5　自由度（m, n）の F 分布のグラフ

F 分布の場合も，統計解析のときに必要なのは次の $F(m; n; \alpha)$ です．

たとえば，確率 $\alpha = 0.05$ の場合……

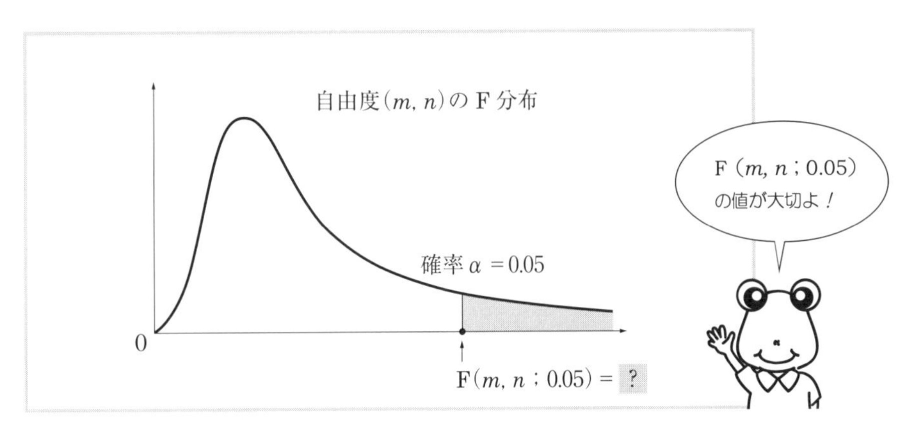

図 9.6　確率 α と $F(m, n; \alpha)$ の値

【F分布の数表の作り方】

手順 1　データビューの画面に，次のように用意します．

	確率	自由度１	自由度２	確率α	var	var	var	var	va
1	.95	2	3	.05					
2	.95	2	4	.05					
3	.95	2	5	.05					
4	.95	3	4	.05					
5	.95	3	5	.05					
6	.95	4	5	.05					
7	.95	4	6	.05					
8	.95	5	6	.05					
9	.95	5	7	.05					
10	.95	6	7	.05					
11									
12									
13									
14									
15									

アルファ　α

確立α＝１ー確率

手順 2　変換(T) のメニューから 変数の計算(C) を選択．

次の画面になったら， 目標変数(T) の中へ， F の値 と入力します．

手順 3　関数グループ(G) の すべて の中から Idf.F を探して……

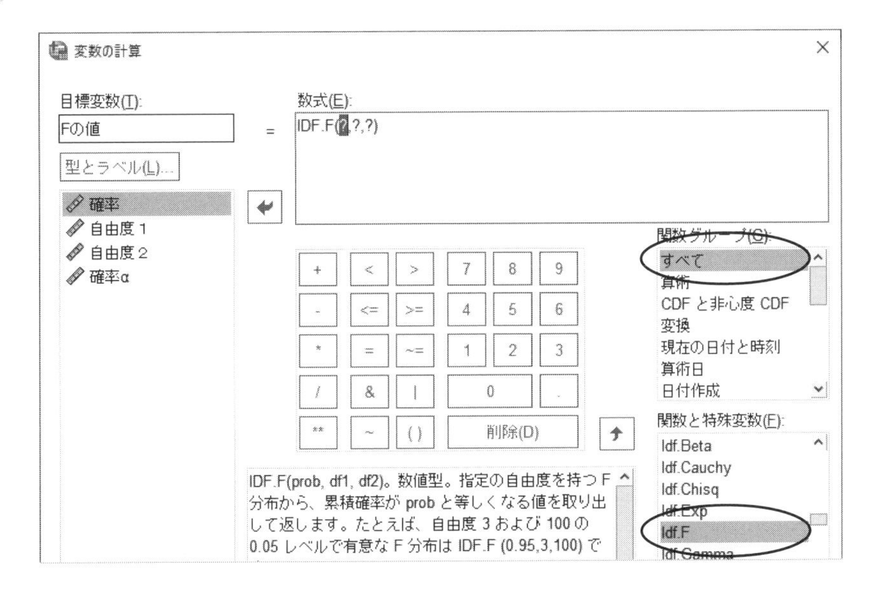

手順 4　確率を 数式(E) の中へ移動して……

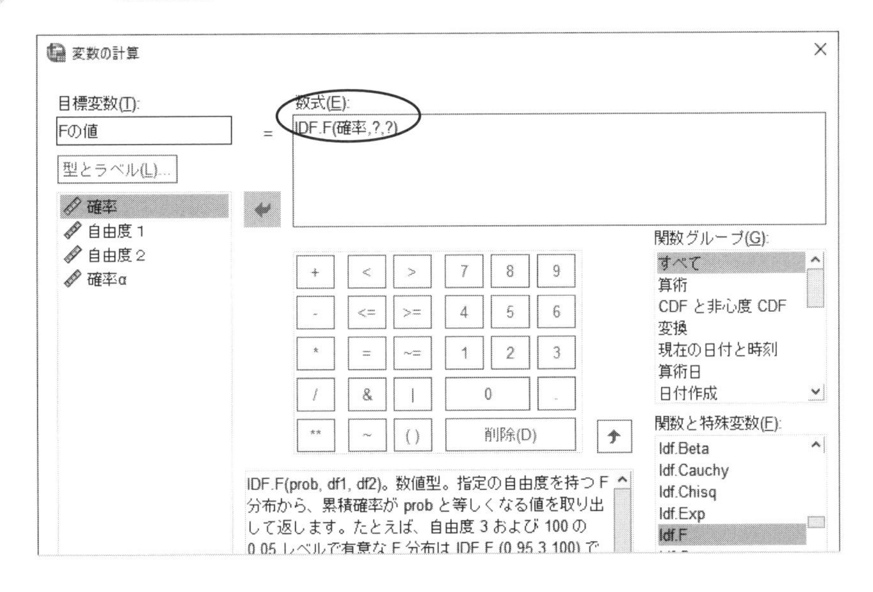

手順 5 自由度１も 数式(E) の中へ移動します.

手順 6 自由度２も 数式(E) の中へ移したら，あとは OK ！

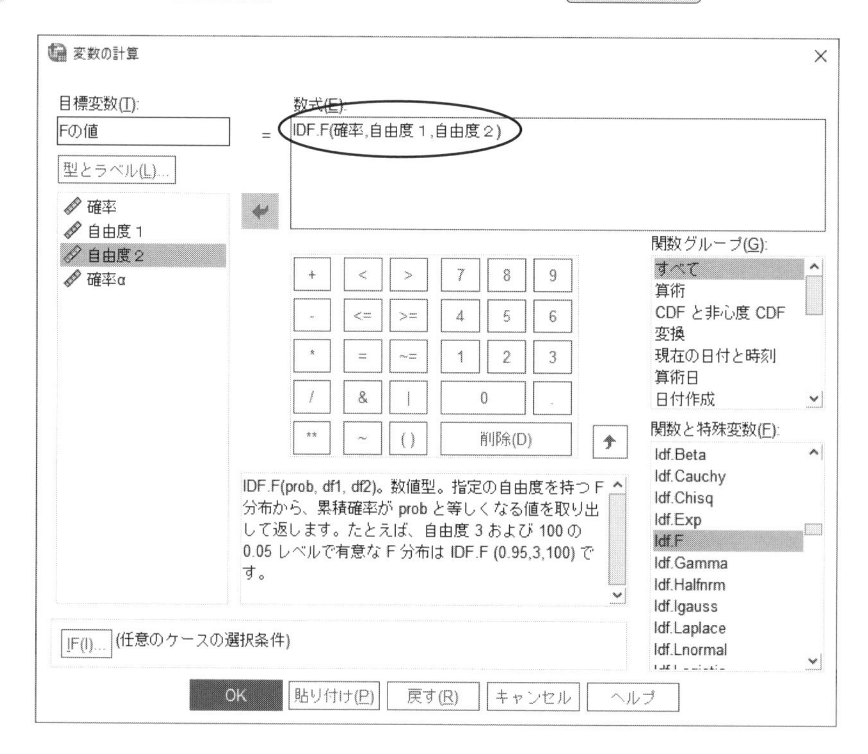

【SPSS による出力】— F 分布の数表 —

データビューの画面が次のようになります.

	確率	自由度１	自由度２	確率α	Fの値	var	var	var
1	.95	2	3	.05	9.55			
2	.95	2	4	.05	6.94			
3	.95	2	5	.05	5.79			
4	.95	3	4	.05	6.59			
5	.95	3	5	.05	5.41			
6	.95	4	5	.05	5.19			
7	.95	4	6	.05	4.53			
8	.95	5	6	.05	4.39			
9	.95	5	7	.05	3.97			
10	.95	6	7	.05	3.87			
11								
12								
13								
14								
15								
16								

Ｆの値の小数桁数を
５ケタまでにしたいときは
変数ビューの画面で
小数桁数 を 5 とします

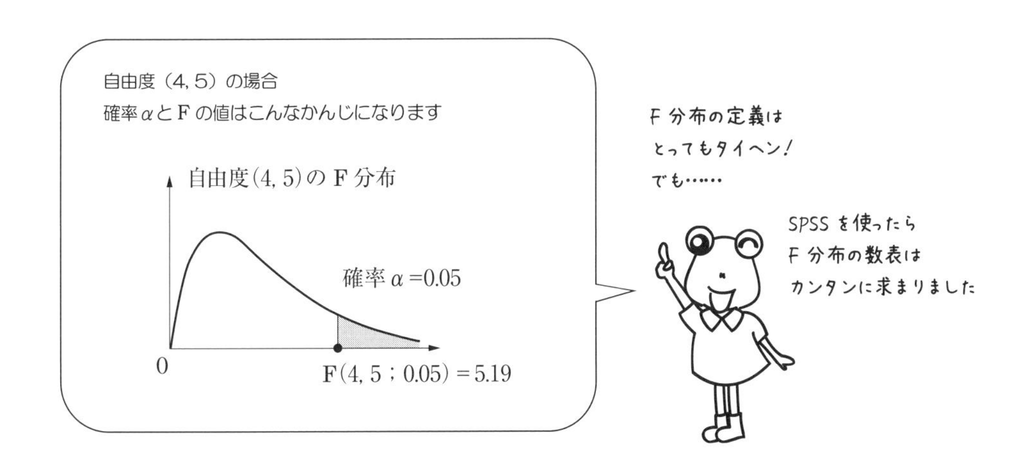

演　習

9

問題 9.1　カイ2乗分布の値を求めてください．

No.	確率	自由度	確率 α	カイ2乗
1	0.99	1	0.01	
2	0.99	2	0.01	
3	0.99	3	0.01	
4	0.99	4	0.01	
5	0.99	5	0.01	
6	0.99	6	0.01	
7	0.99	7	0.01	
8	0.99	8	0.01	
9	0.99	9	0.01	
10	0.99	10	0.01	

問題 9.2　t 分布の値を求めてください．

No.	確率	自由度	確率 α	t 分布
1	0.95	1	0.05	
2	0.95	2	0.05	
3	0.95	3	0.05	
4	0.95	4	0.05	
5	0.95	5	0.05	
6	0.95	6	0.05	
7	0.95	7	0.05	
8	0.95	8	0.05	
9	0.95	9	0.05	
10	0.95	10	0.05	

問題 9.3　F分布の値を求めてください．

No.	確率	自由度1	自由度2	確率 α	F分布
1	0.99	2	8	0.01	
2	0.99	3	7	0.01	
3	0.99	4	6	0.01	
4	0.99	5	5	0.01	
5	0.99	6	4	0.01	
6	0.99	7	5	0.01	
7	0.99	9	6	0.01	
8	0.99	8	7	0.01	
9	0.99	7	8	0.01	
10	0.99	6	9	0.01	

解説 9.1

	確率	自由度	確率α	カイ2乗	var	var	var	var
1	.99	1	.01	6.63				
2	.99	2	.01	9.21				
3	.99	3	.01	11.34				
4	.99	4	.01	13.28				
5	.99	5	.01	15.09				
6	.99	6	.01	16.81				
7	.99	7	.01	18.48				
8	.99	8	.01	20.09				
9	.99	9	.01	21.67				
10	.99	10	.01	23.21				
11								
12								

解説 9.2

	確率	自由度	確率α	tの値	var	var	var	var
1	.95	1	.05	6.31				
2	.95	2	.05	2.92				
3	.95	3	.05	2.35				
4	.95	4	.05	2.13				
5	.95	5	.05	2.02				
6	.95	6	.05	1.94				
7	.95	7	.05	1.89				
8	.95	8	.05	1.86				
9	.95	9	.05	1.83				
10	.95	10	.05	1.81				
11								
12								

解説 9.3

	確率	自由度１	自由度２	確率α	Fの値	var	var	var
1	.99	2	8	.01	8.65			
2	.99	3	7	.01	8.45			
3	.99	4	6	.01	9.15			
4	.99	5	5	.01	10.97			
5	.99	6	4	.01	15.21			
6	.99	7	5	.01	10.46			
7	.99	9	6	.01	7.98			
8	.99	8	7	.01	6.84			
9	.99	7	8	.01	6.18			
10	.99	6	9	.01	5.80			
11								
12								

10章 パラメータの推定は探索的に!!

Section 10.1　母集団と標本？　母平均と標本平均??

次のデータは，8人のウェイトレスのアルバイトの時給です．

表 10.1　8人のアルバイトの時給

No	名前	時給
1	A	850
2	B	1000
3	C	1100
4	D	950
5	E	1200
6	F	900
7	G	1050
8	H	800

知りたいことは……

- 全国のウェイトレスのアルバイトの平均時給は，
  いくらなの？

【母集団と標本】

研究対象のことを，統計学では

母集団

といいます.

この母集団から取り出されたデータのことを

標本　または　サンプル

といいます.

この母集団の平均値のことを

母平均 μ

といい，標本の平均値のことを

標本平均 $\bar{x}$

といいます.

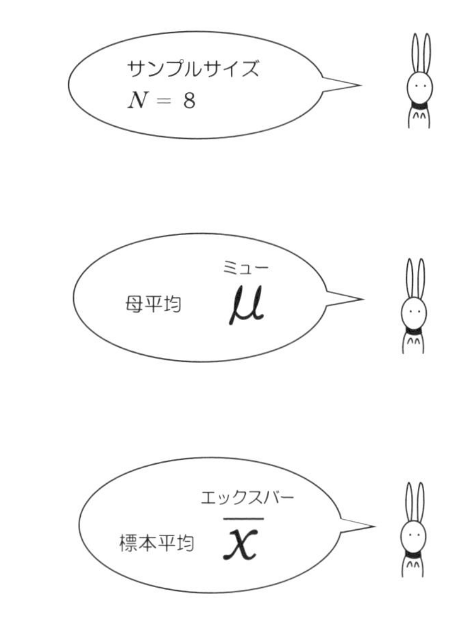

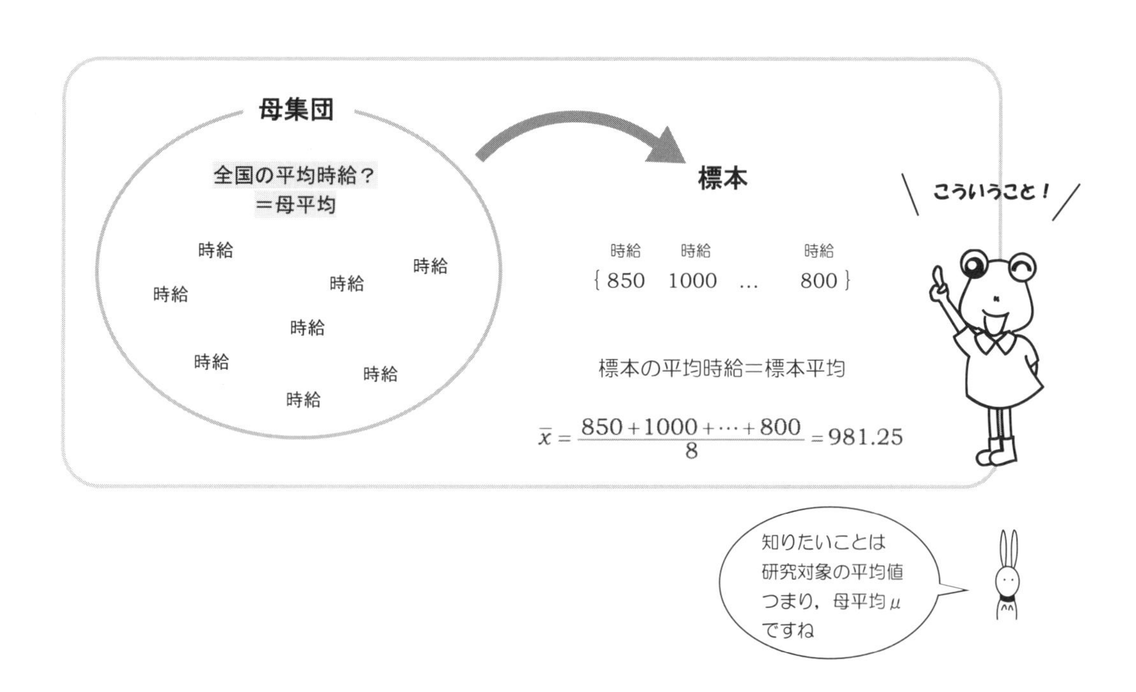

知りたいことは
研究対象の平均値
つまり，母平均 μ
ですね

はじめに，8人のデータの平均値を求めてみましょう．

次のようにデータを入力します．

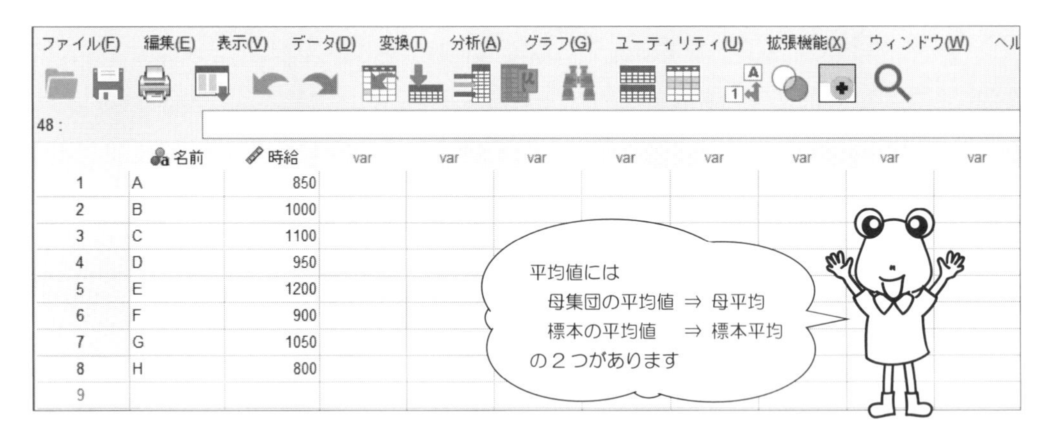

【標本平均の求め方】

手順 1　p.92　手順①のように，

分析(A) ⇨ 記述統計(E) ⇨ 記述統計(D) を選択します．

変数(V) の中へ時給を移動したら，あとは OK ！

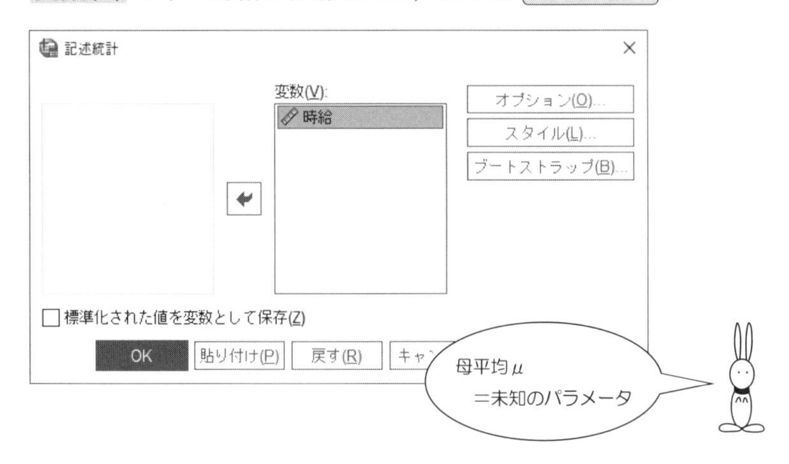

【SPSS による出力】― 標本平均と標本標準偏差 ―

次のように平均値が出力されます.

記述統計

記述統計量

	度数	最小値	最大値	平均値	標準偏差
時給	8	800	1200	981.25	133.463
有効なケースの数 (リストごと)	8				

この平均値は
標本平均 $\bar{x}$
のことです

でも，この平均値は

$$\text{平均値 } 981.25 = \frac{7850}{8} = \frac{8\text{ 人の時給の合計}}{\text{人数}}$$

なので，8 人の時給の平均値，つまり標本平均です.

全国のウェイトレスのアルバイトの平均時給を求めるためには
何万人というウェイトレスのアルバイトの時給を
すべて調査しなければいけないのでしょうか？

このようなとき，役に立つのがパラメータの区間推定です.

Section 10.2　ひとめでわかる区間推定のしくみ！

母平均 μ が未知のパラメータです．母平均 μ を推定します．

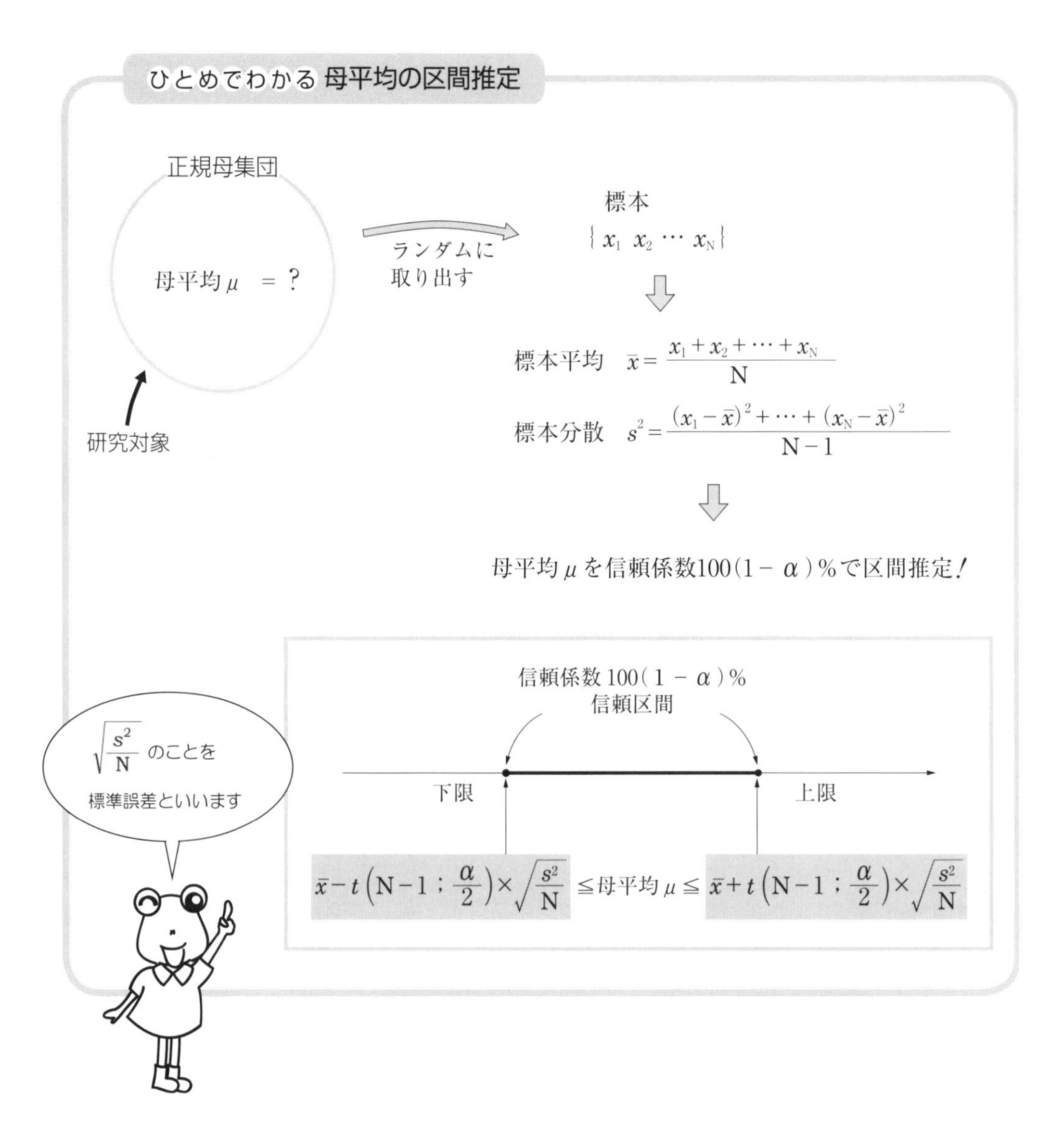

表 10.1 のデータの場合

研究対象は全国のウェイトレスのアルバイトの時給

なので，

母集団＝　“全国のウェイトレスのアルバイトの時給”

となります．

そして，この母平均を推定したいのですが…….

この母平均の区間推定は，次の公式に代入して求めます．

$$\bar{x}-t\left(\mathrm{N}-1\,;\,\frac{0.05}{2}\right)\times\sqrt{\frac{s^2}{\mathrm{N}}} \leqq \text{母平均}\,\mu \leqq \bar{x}+t\left(\mathrm{N}-1\,;\,\frac{0.05}{2}\right)\times\sqrt{\frac{s^2}{\mathrm{N}}}$$

この区間推定を

信頼係数 95％の母平均の区間推定

といいます．

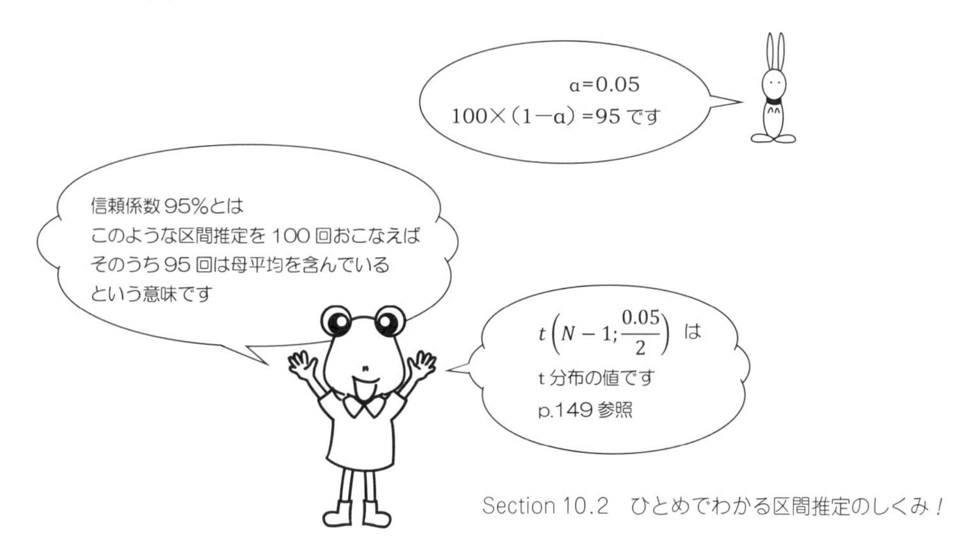

Section 10.3　母平均の区間推定をしましょう

手順 1　分析(A) のメニューから，記述統計(E) ⇨ 探索的(E) を選択します．

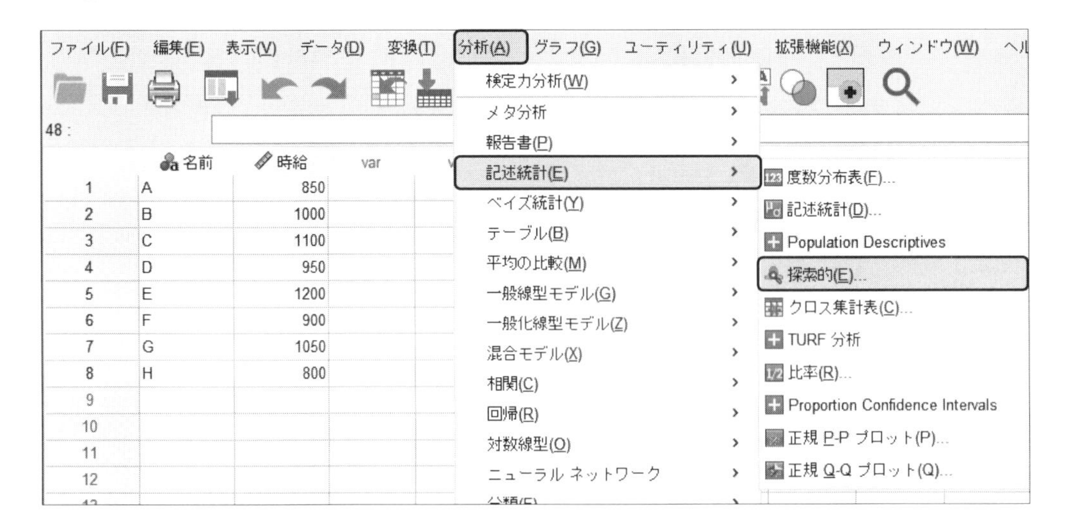

手順 2　時給を 従属変数(D) の中へ移動します．

画面右の 統計量(S) をクリック．

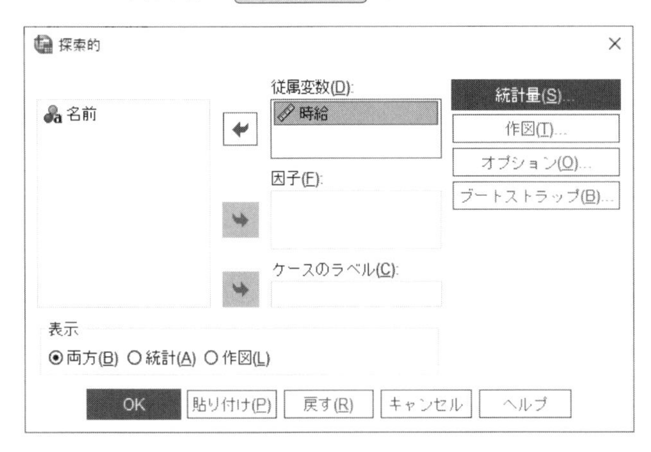

手順 3　すると，ここに 平均値の信頼区間(C) があります!!

これが信頼係数 95%の区間推定です．

そして，［続行］．

手順 4　**手順 2** の画面に戻ったら，

あとは，［OK］をマウスでカチッ！

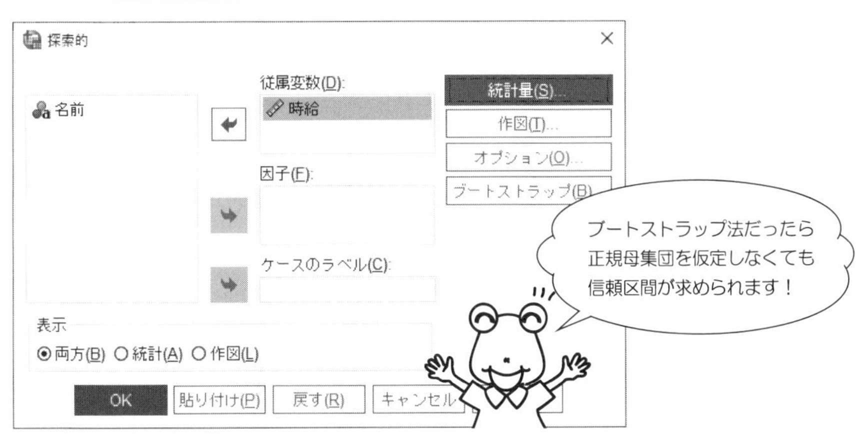

【SPSS による出力】— 母平均の区間推定 —

次のように母平均の信頼区間が出力されます.

探索的

記述統計

			統計量	標準誤差
時給	平均値		981.25	47.186
	平均値の 95% 信頼区間	下限	869.67	
		上限	1092.83	
	5% トリム平均		979.17	
	中央値		975.00	
	分散		17812.500	
	標準偏差		133.463	
	最小値		800	
	最大値		1200	
	範囲		400	
	4分位範囲		225	
	歪度		.296	.752
	尖度		-.652	1.481

← ①

● **SPSS の歪度と尖度の定義**

$$歪度 = \frac{N \times {M_N}^3}{(N-1) \times (N-2) \times s^3}$$

$$尖度 = \frac{1}{N} \times \frac{{M_N}^4}{s^4} \times \frac{N \times N \times (N+1)}{(N-1) \times (N-2) \times (N-3)} - 3 \times \frac{(N-1) \times (N-1)}{(N-2) \times (N-3)}$$

ただし　${M_N}^3 = \sum(x_i - \bar{x})^3$　${M_N}^4 = \sum(x_i - \bar{x})^4$

【出力結果の読み取り方】

⬅① つまり，全国のウェイトレスのアルバイトの平均時給は

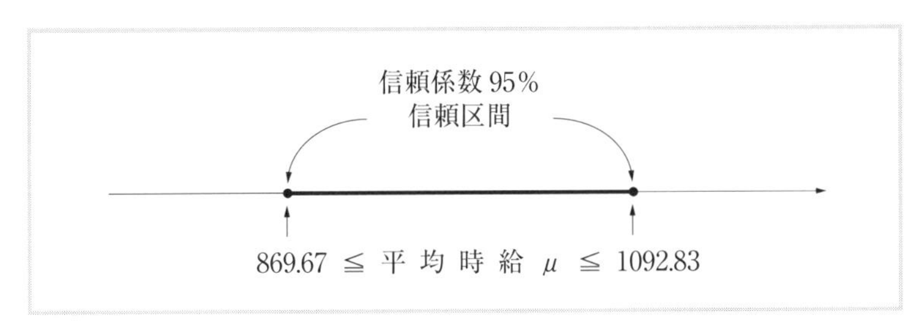

図 10.1　平均時給の信頼係数 95%信頼区間

ということになります．

このデータの場合，出力結果を見ると

p.153 参照

$$平均値\ \bar{x} = 981.25, \qquad 標準偏差\ s = 133.463$$

となっています．t 分布の数表の値は

$$t(7\ ;\ 0.025) = 2.365$$

なので，p.167 の公式に代入すると

$$981.25 - 2.365 \times \frac{133.463}{\sqrt{8}} \leqq 平均時給\ \mu \leqq 981.25 + 2.365 \times \frac{133.463}{\sqrt{8}}$$

$$869.67 \leqq 平均時給\ \mu \leqq 1092.83$$

となります．

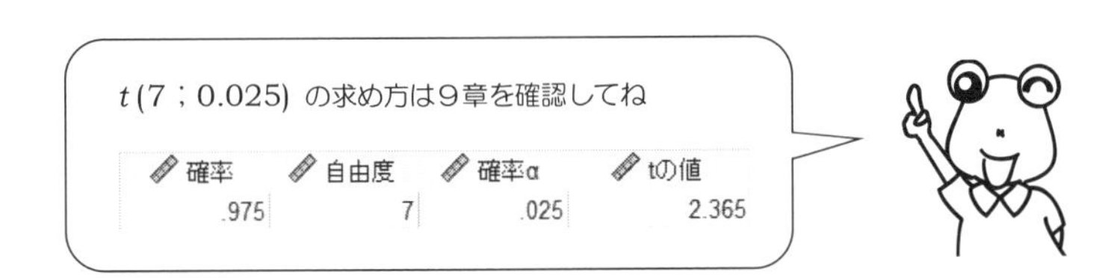

演　習 10

次のデータは乗用車の性能について調査した結果です.

問題 10.1　グループ 1 の平均燃費の信頼係数 95%の信頼区間を求めてください.

問題 10.2　グループ 2 の平均燃費を信頼係数 95%で区間推定をしてください.

表 10.2

No.	グループ	燃費	排気量	馬力	重量	アクセル
1	1	26	156	92	2620	14
2	1	24	173	110	2725	13
3	1	30	135	84	2385	13
4	1	39	86	64	1875	16
5	1	35	105	63	2215	15
6	1	34	98	65	2045	16
7	1	30	98	65	2380	21
8	1	22	231	110	3415	16
9	1	27	350	105	3725	19
10	1	38	105	63	2125	15
11	1	36	98	70	2125	17
12	1	25	181	110	2945	16
13	2	39	79	58	1755	17
14	2	35	81	60	1760	16
15	2	34	91	68	1985	16
16	2	32	108	75	2350	17
17	2	33	119	100	2615	15
18	2	25	168	116	2900	13
19	2	24	146	120	2930	14
20	2	37	91	68	2025	18
21	2	31	91	68	1970	18
22	2	36	120	88	2160	15
23	2	38	91	67	1995	16
24	2	32	144	96	2665	14

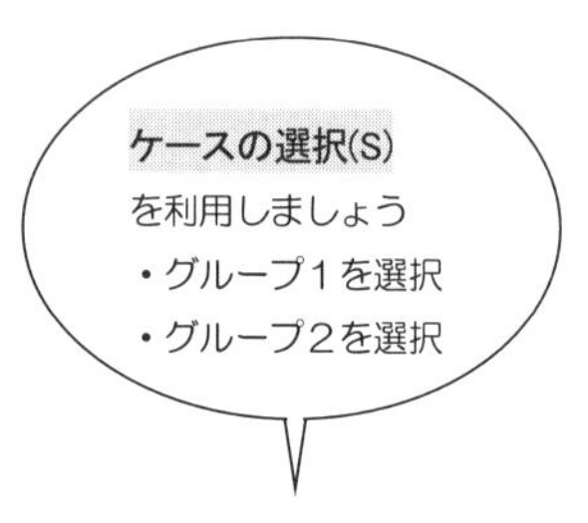

解答 10.1

探索的

記述統計

			統計量	標準誤差
燃費	平均値		30.50	1.672
	平均値の 95% 信頼区間	下限	26.82	
		上限	34.18	
	5%トリム平均		30.50	
	中央値		30.00	
	分散		33.545	
	標準偏差		5.792	
	最小値		22	
	最大値		39	
	範囲		17	
	4分位範囲		11	
	歪度		.083	.637
	尖度		-1.465	1.232

解答 10.2

探索的

記述統計

			統計量	標準誤差
燃費	平均値		33.00	1.354
	平均値の 95% 信頼区間	下限	30.02	
		上限	35.98	
	5%トリム平均		33.17	
	中央値		33.50	
	分散		22.000	
	標準偏差		4.690	
	最小値		24	
	最大値		39	
	範囲		15	
	4分位範囲		6	
	歪度		-.856	.637
	尖度		.183	1.232

11章 パラメータの検定は仮説をたてて！

Section 11.1　標本平均の比較！　母平均の比較？

次のデータは，利根川水系と信濃川水系で採集されたイワナの体長です．

表 11.1　2つの水系のイワナの体長

No.	利根川水系
1	165
2	130
3	182
4	178
5	194
6	206
7	160
8	122
9	212
10	165
11	247
12	195

←グループ 1

No.	信濃川水系
1	180
2	180
3	235
4	270
5	240
6	285
7	164
8	152

←グループ 2

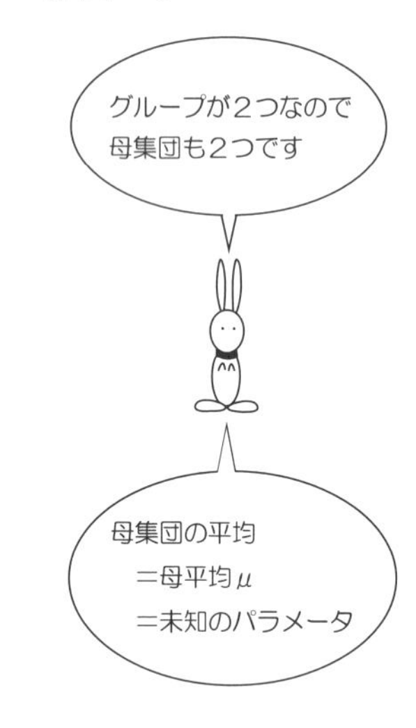

知りたいことは……

- 利根川水系と信濃川水系では，どちらのイワナが大きいの？

はじめに，それぞれのグループの平均値を求めてみると……

次のようにデータを入力します．

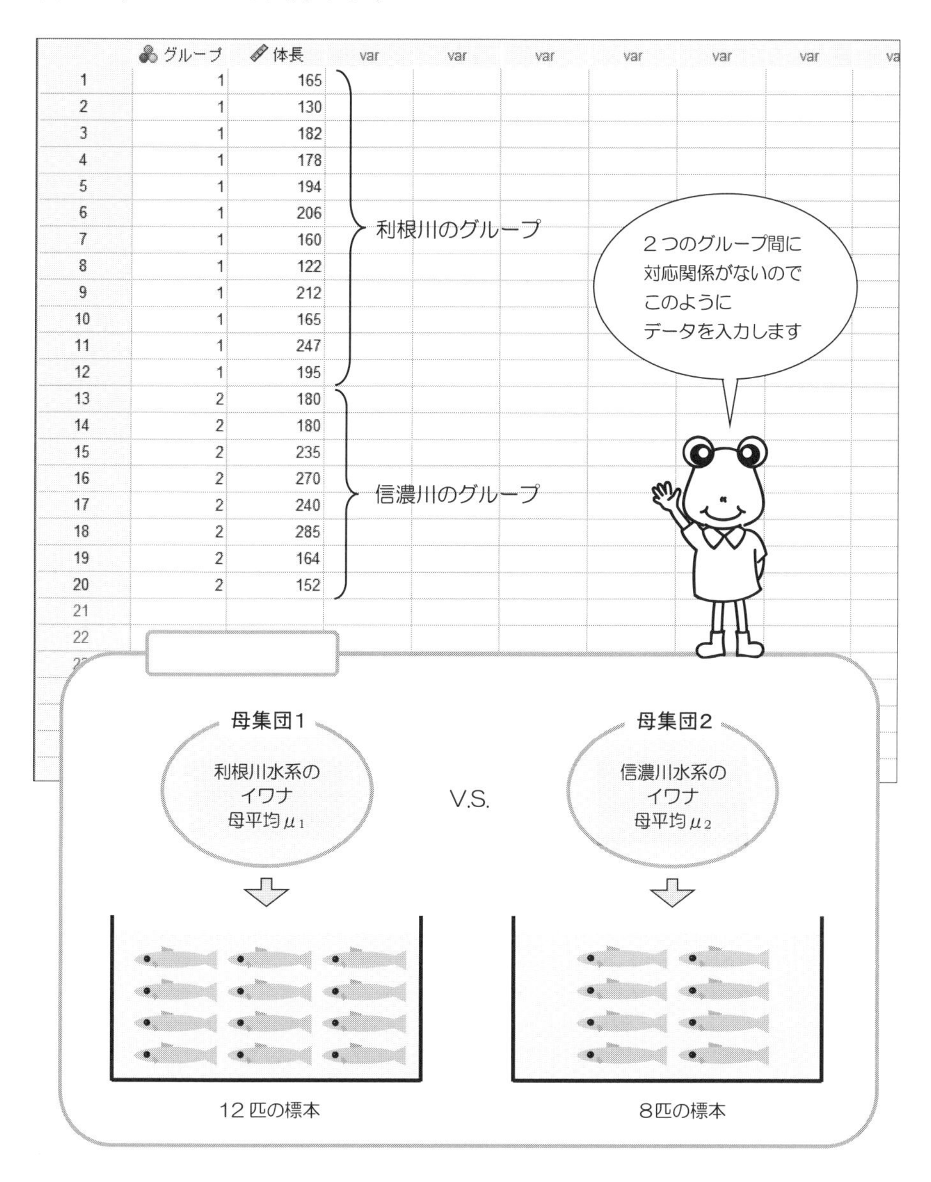

	グループ	体長	var	var	var	var	var	var
1	1	165						
2	1	130						
3	1	182						
4	1	178						
5	1	194						
6	1	206						
7	1	160						
8	1	122						
9	1	212						
10	1	165						
11	1	247						
12	1	195						
13	2	180						
14	2	180						
15	2	235						
16	2	270						
17	2	240						
18	2	285						
19	2	164						
20	2	152						
21								
22								

【2 つの標本平均の求め方】

手順 1　分析(A) のメニューから 記述統計(E) ⇨ 探索的(E) を選択します.

手順 2　探索的の画面になったら,

次のように体長とグループを移動して, OK .

【SPSS による出力】―2 つの標本平均―

次のように，2 つのグループの平均値が出力されます．

記述統計

	グループ			統計量	標準誤差
体長	1	平均値		179.67	10.049
		平均値の 95% 信頼区間	下限	157.55	
			上限	201.79	
		5% トリム平均		179.13	
		中央値		180.00	
		分散		1211.879	
		標準偏差		34.812	
	2	平均値		213.25	17.901
		平均値の 95% 信頼区間	下限	170.92	
			上限	255.58	
		5% トリム平均		212.67	
		中央値		207.50	
		分散		2563.643	
		標準偏差		50.632	

この 2 つの平均値を比べると

グループ 1 の平均値		グループ 2 の平均値
179.67	≦	213.25

なので，信濃川水系のイワナの方が大きいようですね．

でも……，この平均値は 12 匹の標本平均と 8 匹の標本平均です．

実際には，2 つの水系にもっとたくさんのイワナがいるはず．

このようなときは，次の仮説の検定をしてみましょう．

仮説 H_0：2 つの水系の母平均 μ_1，μ_2 に差がない

つまり

仮説 H_0：母平均 μ_1 ＝母平均 μ_2

となります．

Section 11.2　ひとめでわかる仮説の検定のしくみ！

母平均 μ_1, μ_2 が未知のパラメータです．

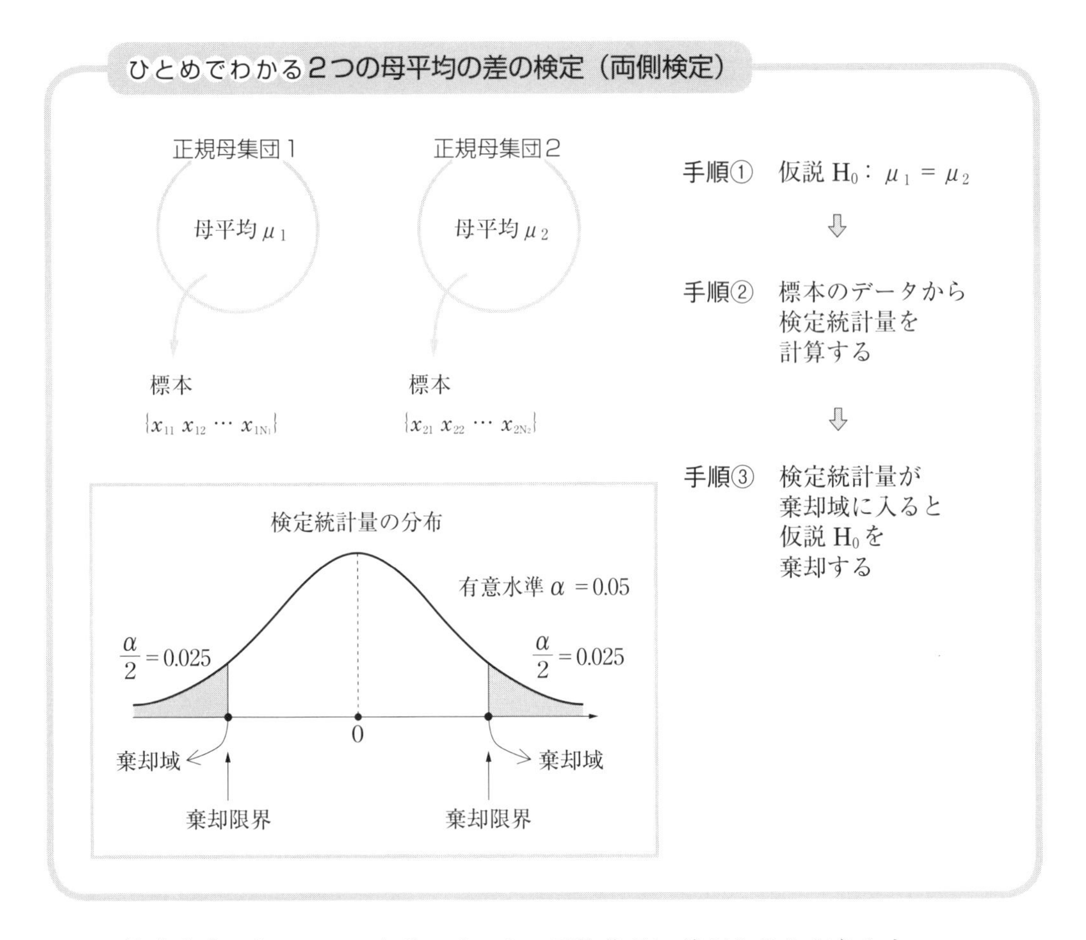

この検定をすると，２つの水系のイワナの平均体長に差があるかどうかを調べることができます．

この検定を，**２つの母平均の差の検定**といいます．

棄却限界の値は
８章，９章を
参照してください

ところで，仮説が棄てられると，どうなるのでしょうか？

仮説 H_0 が棄てられると，次の対立仮説 H_1 を採用します．

この対立仮説には，3つのタイプがあります．

（Ⅰ）対立仮説 H_1：2つのグループの母平均 μ_1，μ_2 に差がある　⬅両側検定 $\mu_1 - \mu_2 \neq 0$

（Ⅱ）対立仮説 H_1：グループ1の母平均 μ_1 のほうが
グループ2の母平均 μ_2 より大きい　⬅片側検定 $\mu_1 - \mu_2 > 0$

（Ⅲ）対立仮説 H_1：グループ1の母平均 μ_1 より
グループ2の母平均 μ_2 のほうが大きい　⬅片側検定 $\mu_1 - \mu_2 < 0$

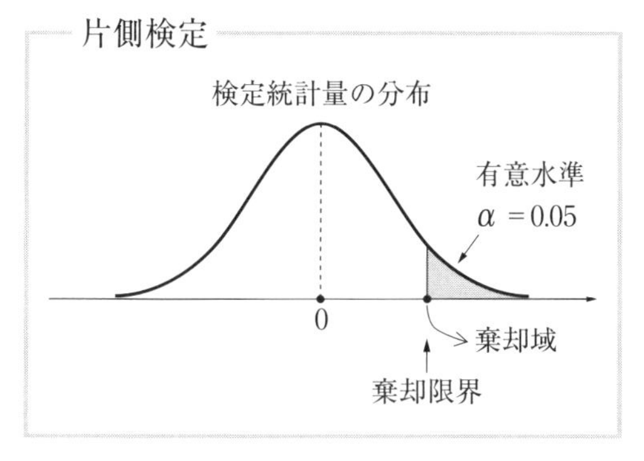

図 11.1　対立仮説（Ⅱ）の場合

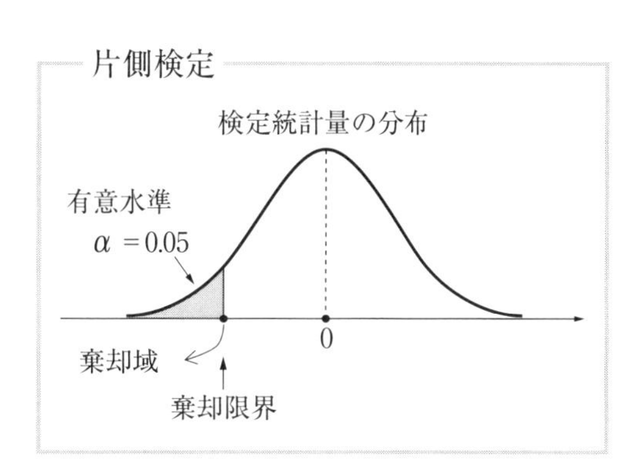

図 11.2　対立仮説（Ⅲ）の場合

Section 11.3　2つの母平均の差の検定をしましょう

このデータを入力するときは，グループ変数が必要になります．

- 利根川水系 …… グループ 1
- 信濃川水系 …… グループ 2

として，次のように入力します．

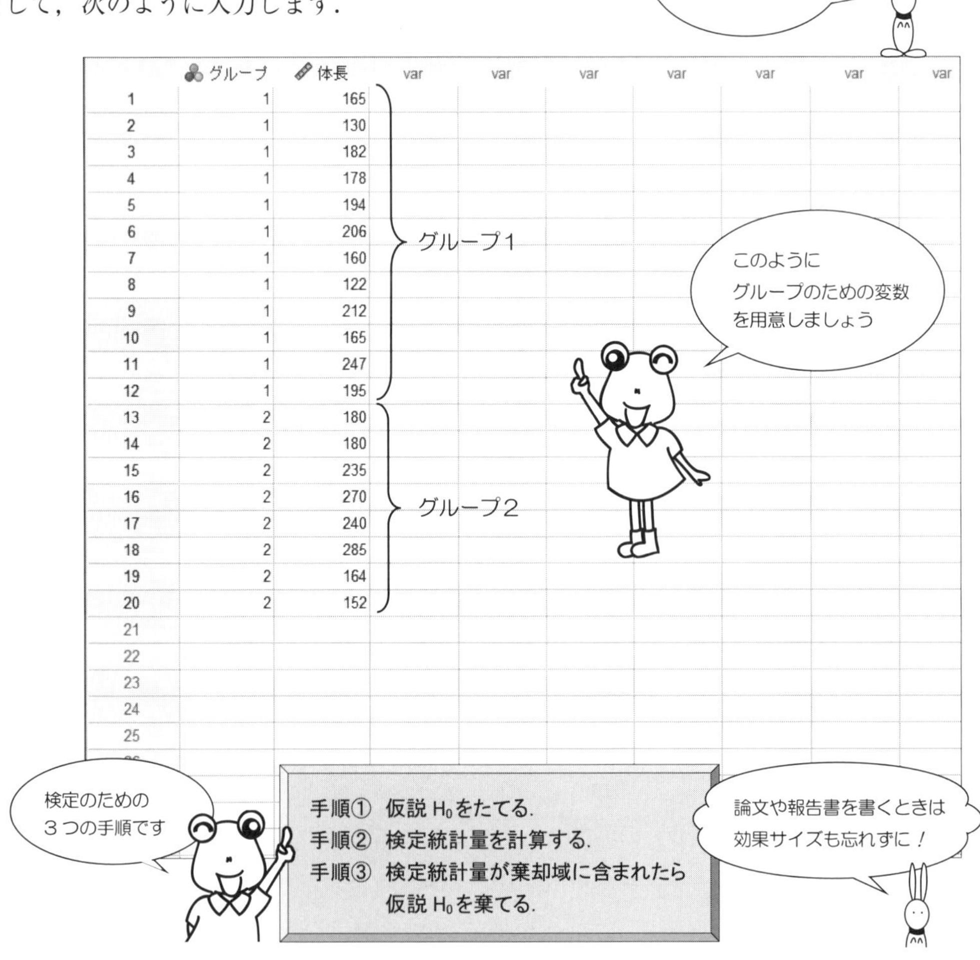

	グループ	体長	var	var	var	var	var	var	var
1	1	165							
2	1	130							
3	1	182							
4	1	178							
5	1	194							
6	1	206							
7	1	160							
8	1	122							
9	1	212							
10	1	165							
11	1	247							
12	1	195							
13	2	180							
14	2	180							
15	2	235							
16	2	270							
17	2	240							
18	2	285							
19	2	164							
20	2	152							
21									
22									
23									
24									
25									

手順 **1**　分析(A) のメニューから，平均の比較(M) を選択，そして

サブメニューから 独立したサンプルの t 検定(T) を選択.

手順 **2**　検定変数(T) の中へ体長を，グループ化変数(G) の中へグループを

移動します．続いて……

手順 **3** グループの定義(G) をクリック．

次のように入力して 続行 ．

グループの定義

特定の値を使用

グループ1(1): 1

グループ2(2): 2

分割点(P):

続行　キャンセル　ヘルプ

1 … 利根川水系

2 … 信濃川水系

手順 **4** グループ化変数(G) がグループ(1 2) となったら，

あとは， OK ボタンをマウスでカチッ！

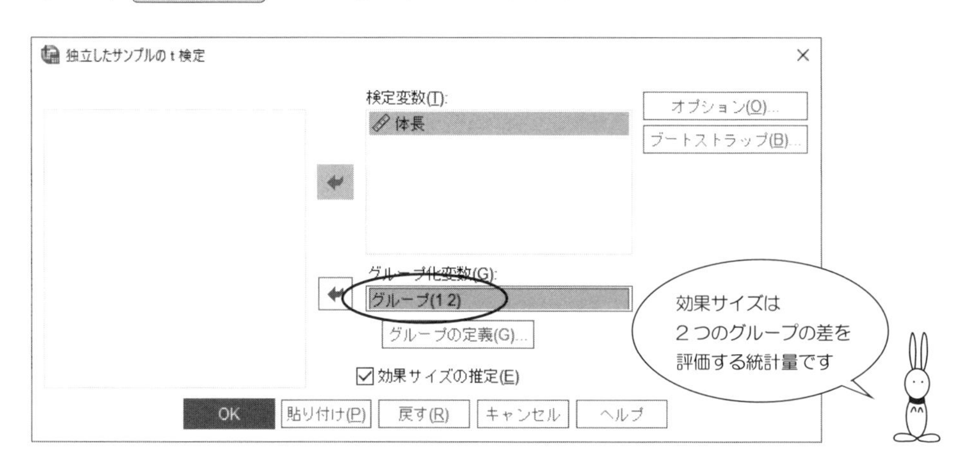

表 11.1 のデータを 2 倍にして検定してみると,
出力は次のようになります.

独立サンプルの検定

		等分散性のための Levene の検定			有意確率	
		F 値	有意確率	自由度	片側 p 値	両側 p 値
体長	等分散を仮定する	8.031	.007	38	.007	.014
	等分散を仮定しない			24.582	.012	.025

このように，データ数を多くすると検定統計量の絶対値も大きくなり
仮説は棄却されやすくなります.

$N_1=12 \quad N_2=8$
t 値
−1.765
−1.636

→

$N_1=24 \quad N_2=16$
t 値
−2.565
−2.388

このことから

“有意差を出したいときは，データ数を多くすればよい”

と考えたくなりますが……,

チョットまって!!

母集団の推定や検定では

“母集団から抽出するデータ数が多くなればなるほど
母集団のことがより詳しくわかる”

ので,

標本平均の差がわずかでも，有意差が出やすくなります.

【SPSS による出力】―2つの母平均の差の検定―

次のように検定統計量が出力されます.

独立サンプルの検定

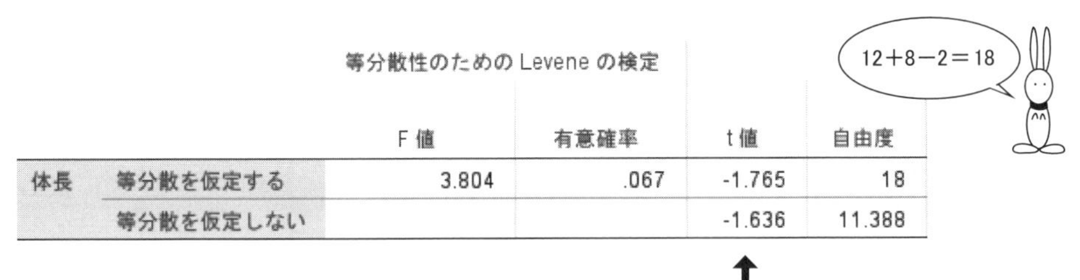

		等分散性のための Levene の検定			
		F 値	有意確率	t 値	自由度
体長	等分散を仮定する	3.804	.067	-1.765	18
	等分散を仮定しない			-1.636	11.388

		2つの母平均の差の検定			
		有意確率			
		片側 p 値	両側 p 値	平均値の差	差の標準誤差
体長	等分散を仮定する	.047	.095	-33.583	19.026
	等分散を仮定しない	.065	.129	-33.583	20.529

独立サンプルの効果サイズ

		Standardizer[a]	ポイント推定
体長	Cohen の d	41.684	-.806
	Hedges の補正	43.528	-.772
	Glass のデルタ	50.632	-.663

a. 効果サイズの推定に使用する分母。
Cohen の d は、プールされた標準偏差を使用します。
Hedges の補正は、プールされた標準偏差と補正係数を使用します。
Glass's のデルタは、制御グループのサンプル標準偏差を使用します。

【出力結果の読み取り方】

⬅① 検定統計量（＝t値）のところを見ると −1.765 になっています.

この検定統計量は棄却域に含まれているのでしょうか？

次の図を見ると，検定統計量は棄却域に含まれていません.

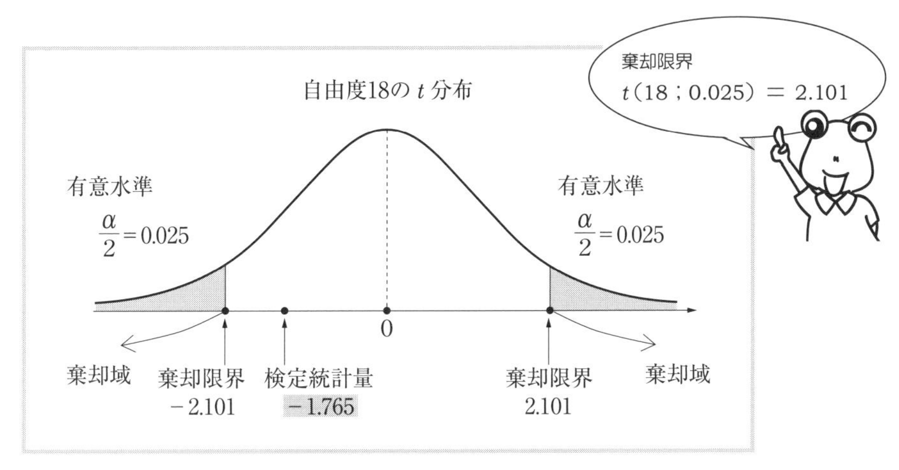

図 11.3 両側検定の棄却域と棄却限界

したがって，仮説 H_0 は棄てられません．つまり

“利根川水系と信濃川水系のイワナの

平均体長に差があるとはいえない”

となります.

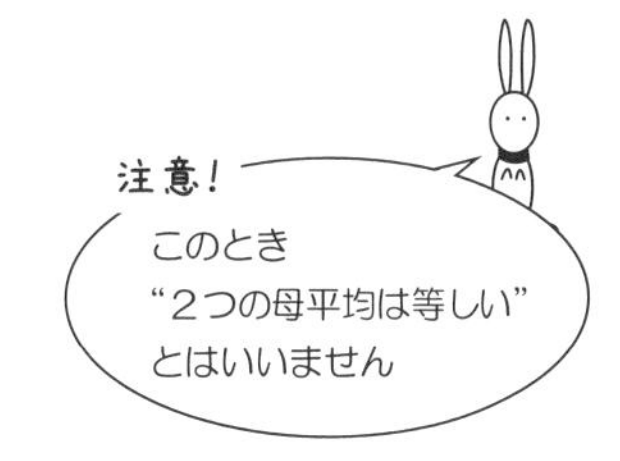

⬅② 片側検定の場合

有意確率（片側 P 値）P 値 0.047 ≦ 有意水準 0.05

なので，仮説 H_0 は棄てられます．つまり

“利根川水系より信濃川水系のイワナの

平均体長のほうが大きい”

となります.

【有意確率と有意水準を比べると…】

⬅③　SPSS の出力を見ると，右のほうに

有意確率（両側 P 値）＝0.095

という部分があります．

この 有意確率（両側 P 値） の意味は，次の図のようになります．

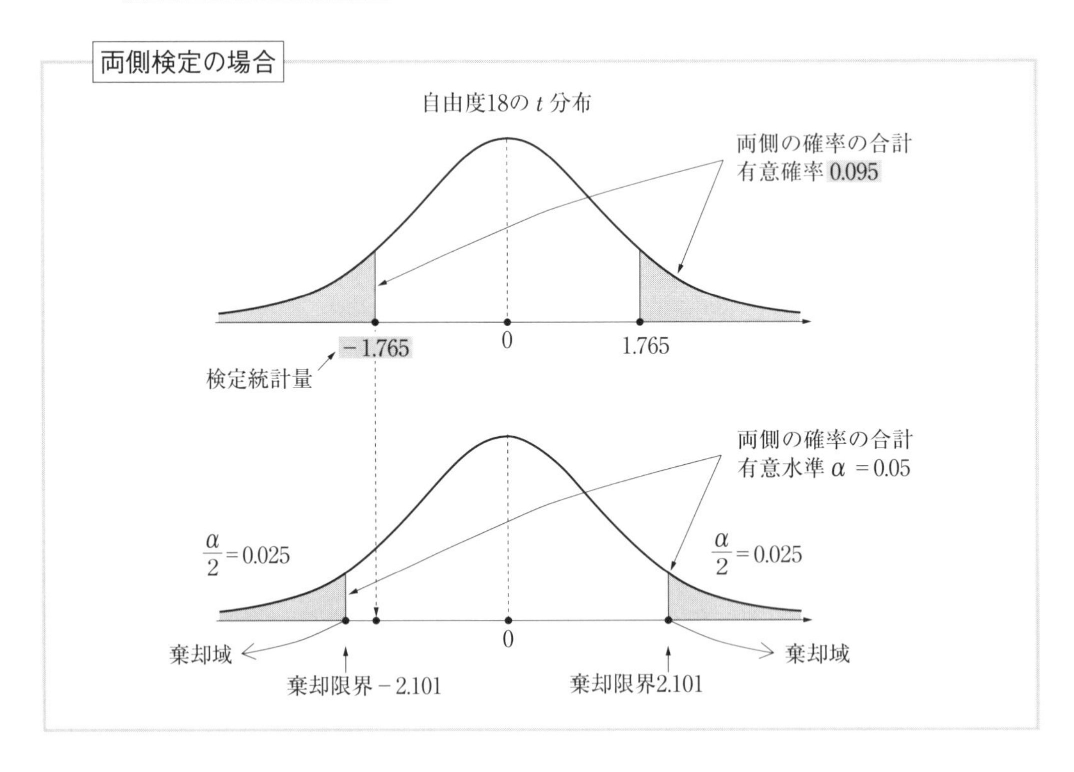

検定統計量の外側の確率が **有意確率** なので，

$$有意確率 \leqq 有意水準\ 0.05$$

のとき，検定統計量は棄却域に含まれ，
仮説 H_0 は棄てられます．

このデータの場合は

$$有意確率\ 0.095 > 有意水準\ 0.05$$

なので，仮説 H_0 は棄てられません．

有意確率（片側 P 値） の意味は，次の図のようになります．

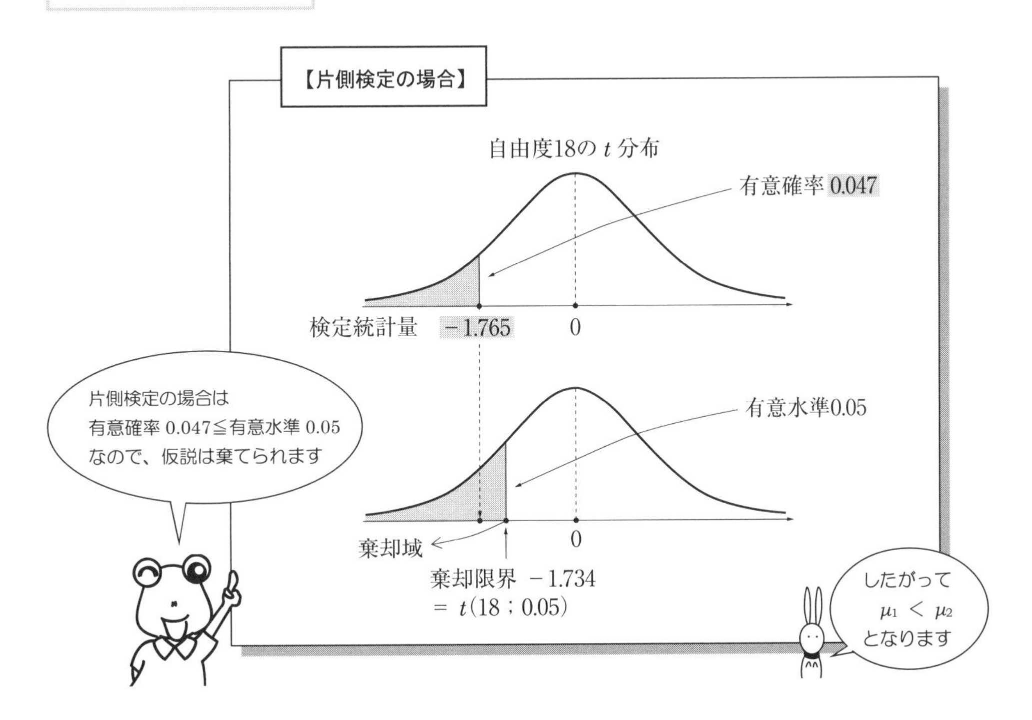

Section 11.4　対応のある母平均の差の検定をしましょう

次のデータは，7 人の女性のリンゴダイエットによる体重の変化を調べたものです．

表 11.2　リンゴダイエットによる体重の変化

名前	ダイエット前の体重	ダイエット後の体重
A	53.0	51.2
B	50.2	48.7
C	59.4	53.5
D	61.9	56.1
E	58.5	52.4
F	56.4	52.9
G	53.4	53.3

分析したいことは……

- リンゴダイエットによって本当に体重が減るの？

対応関係を無視して，p.180 の検定をすると…

2 つの母平均の差の検定

		t 値	自由度	有意確率 両側 p 値
体重	等分散を仮定する	1.983	12	.071
	等分散を仮定しない	1.983	9.323	.078

このようなときは，次の仮説を検定してみましょう．

仮説 H_0：対応する２つの母平均は変化しない

対立仮説 H_1：対応する２つの母平均は変化する

この検定を

対応のある２つの母平均の差の検定

といいます．

２つのグループ間に対応関係のある場合は，
次のようにデータを入力します．

	名前	前の体重	後の体重	var	var	var	var	var	var
1	A	53.0	51.2						
2	B	50.2	48.7						
3	C	59.4	53.5						
4	D	61.9	56.1						
5	E	58.5	52.4						
6	F	56.4	52.9						
7	G	53.4	53.3						
8									
9									
10									
11									
12									
13									

対応あり

変化しないとは…

前　後

変化するとは…

前　後

【対応のある 2 つの母平均の差の検定】

手順 1　対応のある 2 つの母平均の差の検定をするときは，分析(A) の中から平均の比較(M) を選択し，続いてサブメニューの中から対応のあるサンプルの t 検定(P) を選択.

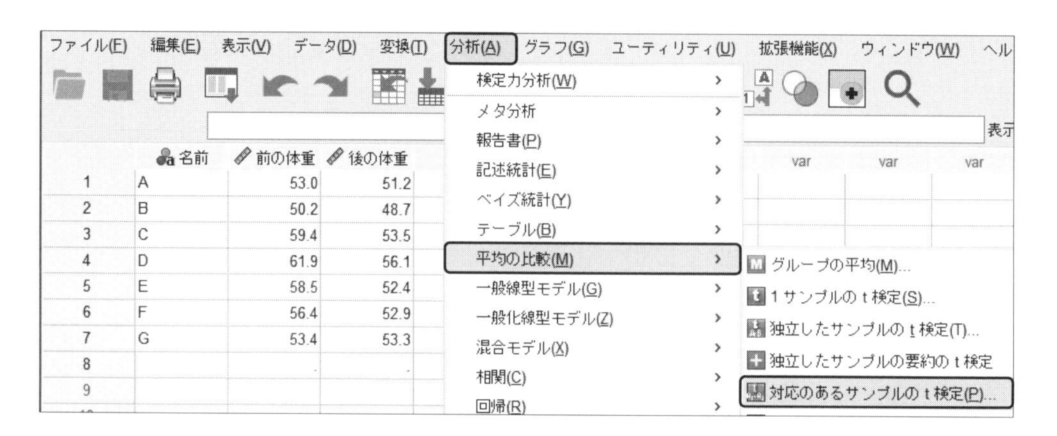

手順 2　次の画面が現れるので，前の体重と後の体重をマウスでそれぞれ選択します.

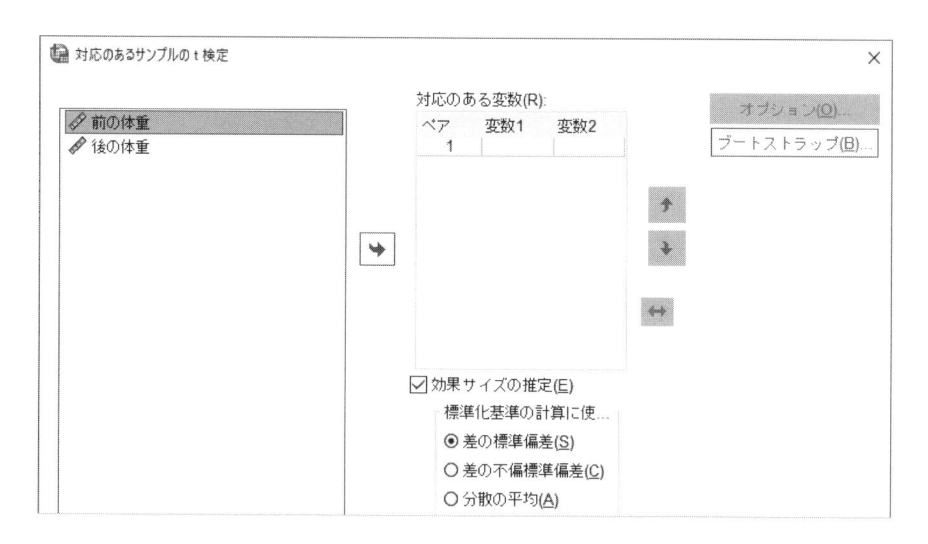

手順 3　そこで，前の体重を 変数 1 へ，後の体重を 変数 2 へ移動．あとは， OK ボタンをマウスでカチッ！

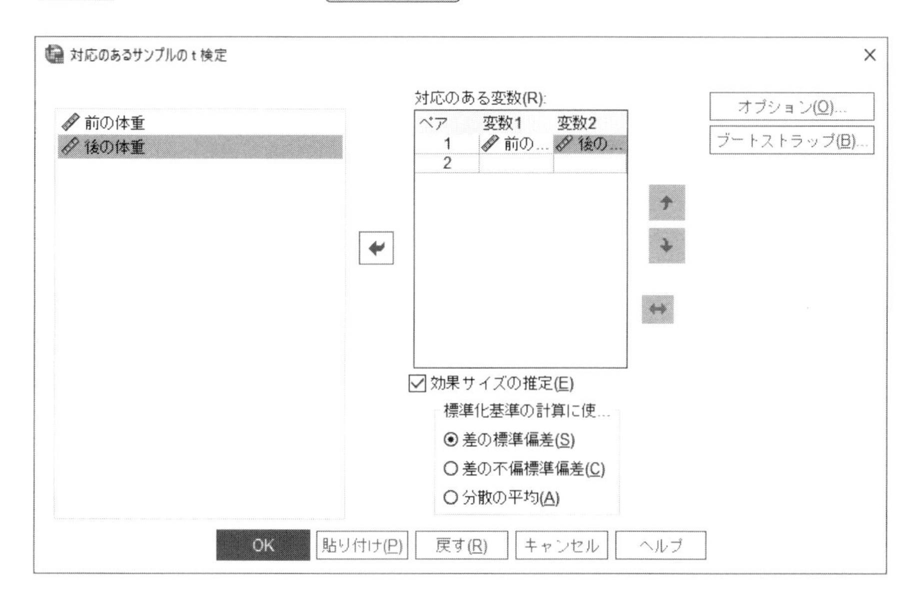

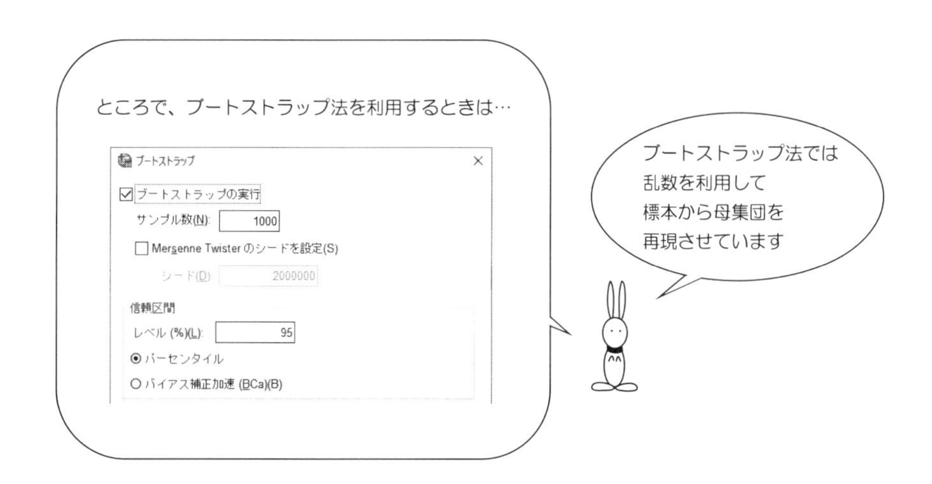

【SPSS による出力】— 対応のある 2 つの母平均の差の検定 —

対応のある 2 つの母平均の差の検定は，次のように出力されます．

対応サンプルの統計量

		平均値	度数	標準偏差	平均値の標準誤差
ペア 1	前の体重	56.114	7	4.1249	1.5591
	後の体重	52.586	7	2.2675	.8570

対応サンプルの検定

		対応サンプルの差				
		平均値	標準偏差	平均値の標準誤差	差の 95% 信頼区間 下限	差の 95% 信頼区間 上限
ペア 1	前の体重 - 後の体重	3.5286	2.4581	.9291	1.2552	5.8020

↑ ①

		t 値	自由度	有意確率 片側 p 値	有意確率 両側 p 値
ペア 1	前の体重 - 後の体重	3.798	6	.004	.009

← ②

対応のあるサンプルの効果サイズ

			Standardizer[a]	ポイント推定
ペア 1	前の体重 - 後の体重	Cohen の d	2.4581	1.435
		Hedges の補正	2.6264	1.344

a. 効果サイズの推定に使用する分母。
Cohen の d は、平均値の差のサンプル標準偏差を使用します。
Hedges の補正は、平均値の差のサンプル標準偏差と補正係数を使用します。

【出力結果の読み取り方】

⬅① ダイエット前と後の差の区間推定です.

つまり，体重の差の 95%信頼区間は（1.2552，5.8020）になります.

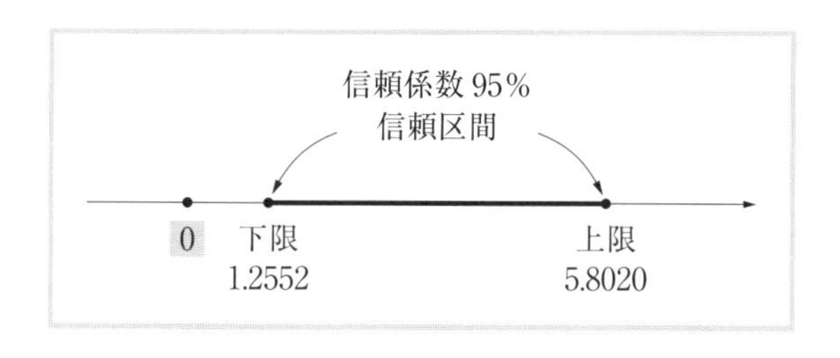

この信頼区間の中に 0 が含まれていないので，

2つのグループ間に差があることがわかります.

⬅② 対応のある2つの母平均の差の検定は

“仮説 H_0：対応する2つの母平均は変化しない”

を検定しています.

出力結果を見ると，検定統計量 t 値が 3.798 で，

その有意確率（両側 P 値）が 0.009 になっています.

したがって，

有意確率 0.009 ≦ 有意水準 0.05

より，仮説は棄てられます.

つまり，ダイエット前と後で体重は変化したことがわかります.

演 習 11

次のデータは，タバコを吸う学生 10 人とタバコを吸わない学生 10 人の血圧測定の結果です．

問題 11.1 次の仮説の検定をしてください．（両側検定）

仮説　　H_0：タバコを吸う学生と吸わない学生の血圧は等しい

対立仮説 H_1：タバコを吸う学生と吸わない学生の血圧は異なる

表 11.2　喫煙と血圧

No.	タバコを吸う学生	No.	タバコを吸わない学生
1	160	1	120
2	143	2	94
3	132	3	103
4	138	4	132
5	110	5	114
6	135	6	102
7	160	7	128
8	169	8	114
9	143	9	135
10	135	10	122

解答
11.1

独立サンプルの検定

		t 値	自由度	有意確率	
				片側 p 値	両側 p 値
血圧	等分散を仮定する	3.783	18	<.001	.001
	等分散を仮定しない	3.783	17.163	<.001	.001

このとき，両側検定の棄却域は次のようになっています.

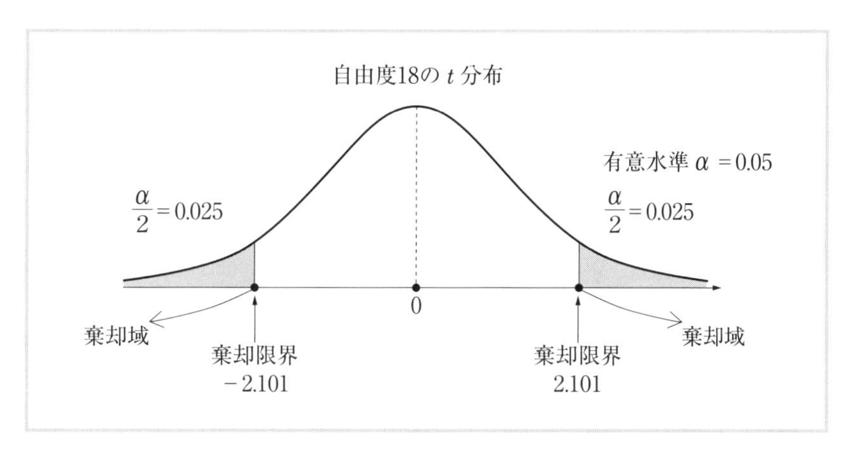

図 11.4　有意水準と棄却域（両側検定）

したがって

検定統計量 3.783 ≧ 棄却限界 2.101

なので，仮説 H_0 は棄てられます.

よって，

“タバコを吸う学生の血圧と

タバコを吸わない学生の血圧は異なる”

ことがわかりました.

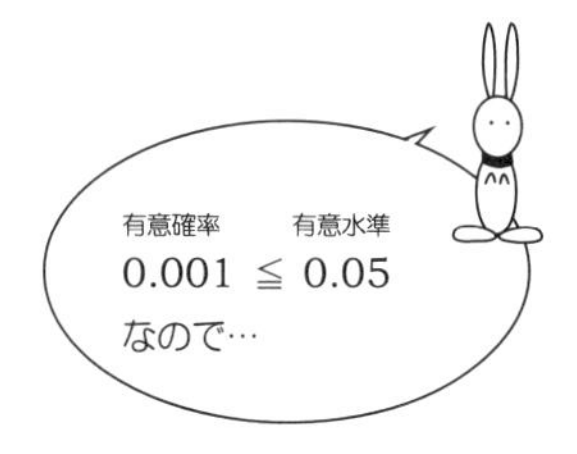

12章 クロス集計はアンケートの後で！

アンケート調査は新聞やテレビでよく見かけます．

そこで……

次のようなアンケート調査を，女子大生 24 人に対しておこないました．

表 12.1　アンケート調査票

項目１．あなたの出身地は ？

（1）大都市　（2）地方都市

項目２．何かスポーツをしていますか．

（1）あまりしない　（2）ときどきする　（3）よくする

項目３．サラダは好きですか．

（1）好き　（2）きらい

項目４．焼肉は好きですか．

（1）好き　（2）きらい

項目５．牛乳をよく飲みますか．

（1）あまり飲まない　（2）ときどき飲む　（3）よく飲む

知りたいことは……

- スポーツと焼肉の関連性は，あり？　それとも，なし？

このアンケート調査の結果を，次のように入力しました.

	調査回答者	出身地	スポーツ	サラダ	焼肉	牛乳	var
1	No.1	2	2	1	1	2	
2	No.2	1	1	1	1	3	
3	No.3	2	3	0	1	2	
4	No.4	2	3	0	0	1	
5	No.5	1	1	1	0	2	
6	No.6	2	2	1	0	2	
7	No.7	1	1	1	1	1	
8	No.8						
9	No.9						
10	No.10						
11	No.11						
12	No.12						
13	No.13						
14	No.14						
15	No.15						
16	No.16						
17	No.17						
18	No.18						
19	No.19						
20	No.20						
21	No.21						
22	No.22						
23	No.23						
24	No.24						
25							

データは
HP から
ダウンロード
できます

	調査回答者	出身地	スポーツ	サラダ	焼肉	牛乳	var
1	No.1	地方都市	ときどきする	好き	好き	ときどき飲む	
2	No.2	大都市	あまりしない	好き	好き	よく飲む	
3	No.3	地方都市	よくする	きらい	好き	ときどき飲む	
4	No.4	地方都市	よくする	きらい	きらい	あまり飲まない	
5	No.5	大都市	あまりしない	好き	きらい	ときどき飲む	
6	No.6	地方都市	ときどきする	好き	きらい	ときどき飲む	
7	No.7	大都市	あまりしない	好き	好き	あまり飲まない	
8	No.8	大都市	よくする	きらい	好き	よく飲む	
9	No.9	大都市	よくする	きらい	好き	ときどき飲む	
10	No.10	大都市	あまりしない	好き	好き	ときどき飲む	
11	No.11	地方都市	ときどきする	好き	好き	ときどき飲む	
12	No.12	大都市	あまりしない	好き	きらい	ときどき飲む	
13	No.13	大都市	ときどきする	好き	きらい	ときどき飲む	
14	No.14	地方都市	あまりしない	きらい	きらい	あまり飲まない	
15	No.15	大都市	ときどきする	好き	きらい	ときどき飲む	
16	No.16	大都市	あまりしない	好き	きらい	よく飲む	
17	No.17	地方都市	よくする	きらい	好き	よく飲む	
18	No.18	地方都市	よくする	好き	好き	ときどき飲む	
19	No.19	地方都市	よくする	好き	好き	ときどき飲む	
20	No.20	大都市	よくする	好き	好き	よく飲む	
21	No.21	大都市	ときどきする	好き	きらい	あまり飲まない	
22	No.22	地方都市	あまりしない	好き	きらい	よく飲む	
23	No.23	大都市	よくする	好き	好き	ときどき飲む	
24	No.24	地方都市	よくする	きらい	好き	よく飲む	
25							

値ラベルは，次のように付けています

［項目１］　大都市…1　地方都市…2
［項目２］　あまりしない…1　ときどきする…2　よくする…3
［項目３］　好き…1　きらい…0
［項目４］　好き…1　きらい…0
［項目５］　あまり飲まない…1　ときどき飲む…2　よく飲む…3

Section 12.1　クロス集計表を作りましょう

次のような表をクロス集計表，または分割表といいます．

表 12.2　ワインとチーズの関連は？

チーズ／ワイン	好き	大好き
好き		
大好き		

ここでは，表 12.1 のアンケート調査の結果から，

“スポーツ”　と　“焼肉”

について，クロス集計表を作ってみましょう．

クロス集計表を作る手順は，次のようになります．

手順 1　分析(A) のメニューから，記述統計(E) ⇨ クロス集計表(C) を選択．

ファイル(F)　編集(E)　表示(V)　データ(D)　変換(T)　分析(A)　グラフ(G)　ユーティリティ(U)　拡張機能(X)　ウィンドウ(W)　ヘルプ

検定力分析(W)
メタ分析
報告書(P)
記述統計(E)
ベイズ統計(Y)
テーブル(B)
平均の比較(M)
一般線型モデル(G)
一般化線型モデル(Z)
混合モデル(X)
相関(C)
回帰(R)
対数線型(O)
ニューラル ネットワーク
分類(F)

度数分布表(F)...
記述統計(D)...
Population Descriptives
探索的(E)...
クロス集計表(C)...
TURF 分析
比率(R)...
Proportion Confidence Intervals
正規 P-P プロット(P)...
正規 Q-Q プロット(Q)...

	調査回答者	出身地	スポーツ
1	No.1	2	
2	No.2	1	
3	No.3	2	
4	No.4	2	
5	No.5	1	
6	No.6	2	
7	No.7	1	
8	No.8	1	
9	No.9	1	
10	No.10	1	
11	No.11	2	
12	No.12	1	
13	No.13	1	

手順 2　次の画面になったら，焼肉を 行(O) に，スポーツを 列(C) に移動します．そして，OK をクリック．

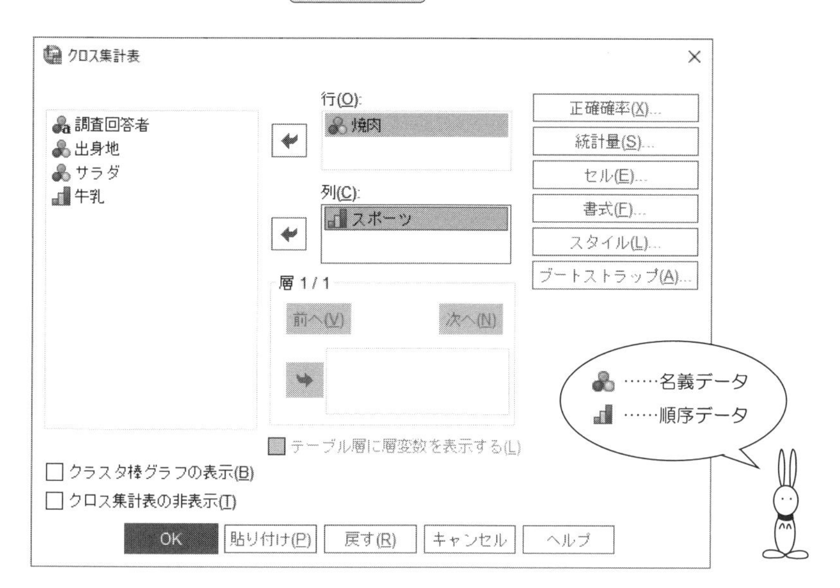

【SPSS による出力】

次のようなクロス集計表が出力されます．

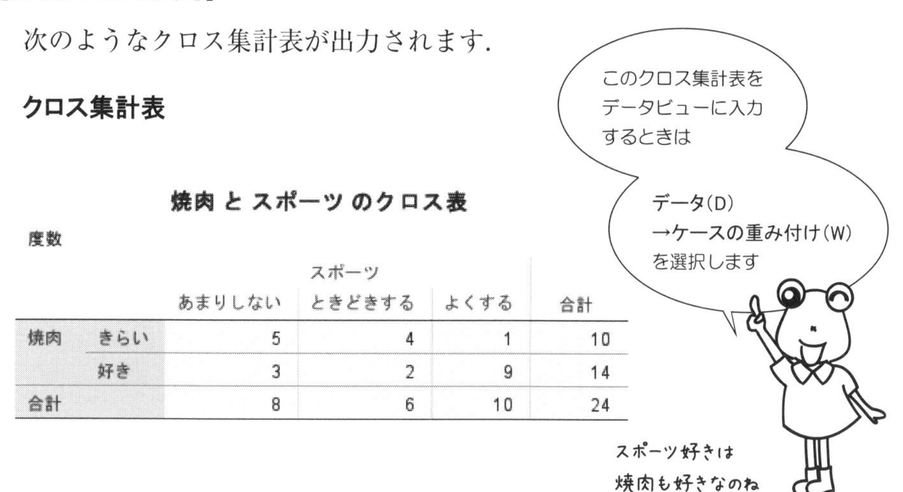

クロス集計表

焼肉 と スポーツ のクロス表

度数

		スポーツ			
		あまりしない	ときどきする	よくする	合計
焼肉	きらい	5	4	1	10
	好き	3	2	9	14
合計		8	6	10	24

Section 12.2 独立性の検定をしてみましょう

“スポーツ”と“焼肉”の間に何か関連があるのでしょうか？

表 12.3 スポーツと焼肉との関連性？

焼肉＼スポーツ	あまりしない	ときどきする	よくする
きらい	5人	4人	1人
好き	3人	2人	9人

このクロス集計表を見ていると，

“スポーツをよくする女子大生は焼肉も好き”

のように見えます．

“スポーツ”と“焼肉”の２つの属性の間には，

何か関連があるのかもしれません．

このようなときは

独立性の検定

をしてみましょう．

独立性の検定とは
“２つの属性の間に
関連があるかどうか”
を調べるための検定です
・関連がある＝独立でない
・関連がない＝独立である

独立性の検定の仮説は
仮説 H_0：２つの属性は独立である
となります

【独立性の検定の手順】

手順 **2**　分析(A) のメニューから，記述統計(E) ⇨ クロス集計表(C) を選択．

↳ を使って 行(O) に焼肉を，列(C) にスポーツを移動させます．

そして，画面右の 統計量(S) をクリックします．

手順 **3**　次の画面の左上の カイ２乗(H) をチェックして， 続行 ．

手順 **2** の画面に戻ったら，あとは OK をマウスでカチッ！

クロス集計表: 統計量の指定
☑カイ２乗(H)　□相関(R)
名義
□分割係数(O)
□Phi および Cramer V(P)
□ラムダ(L)
□不確定性係数(U)
順序
□ガンマ(G)
□Somers の d(S)
□Kendall のタウ b(B)
□Kendall のタウ c(C)
間隔と名義
□イータ(E)
□カッパ(K)
□相対リスク(I)
□McNemar(M)
□Cochran と Mantel-Haenszel の統計量(A)
共通オッズ比の検定値(T): 1
続行　キャンセル　ヘルプ

検定統計量は
カイ２乗分布で
近似します

したがって
独立性の検定のことを
“カイ２乗検定”
ともいいます

【SPSS による出力】

次のようにカイ２乗検定が出力されます．

クロス集計表

カイ２乗検定

検定統計量 ↓

	値	自由度	漸近有意確率(両側)
Pearson のカイ２乗	7.097[a]	2	.029
尤度比	7.876	2	.019
線型と線型による連関	5.165	1	.023
有効なケースの数	24		

a. 5 セル (83.3%) は期待度数が 5 未満です。最小期待度数は 2.50 です。

← ①（漸近有意確率(両側)の行）
← ②（脚注 a の行）

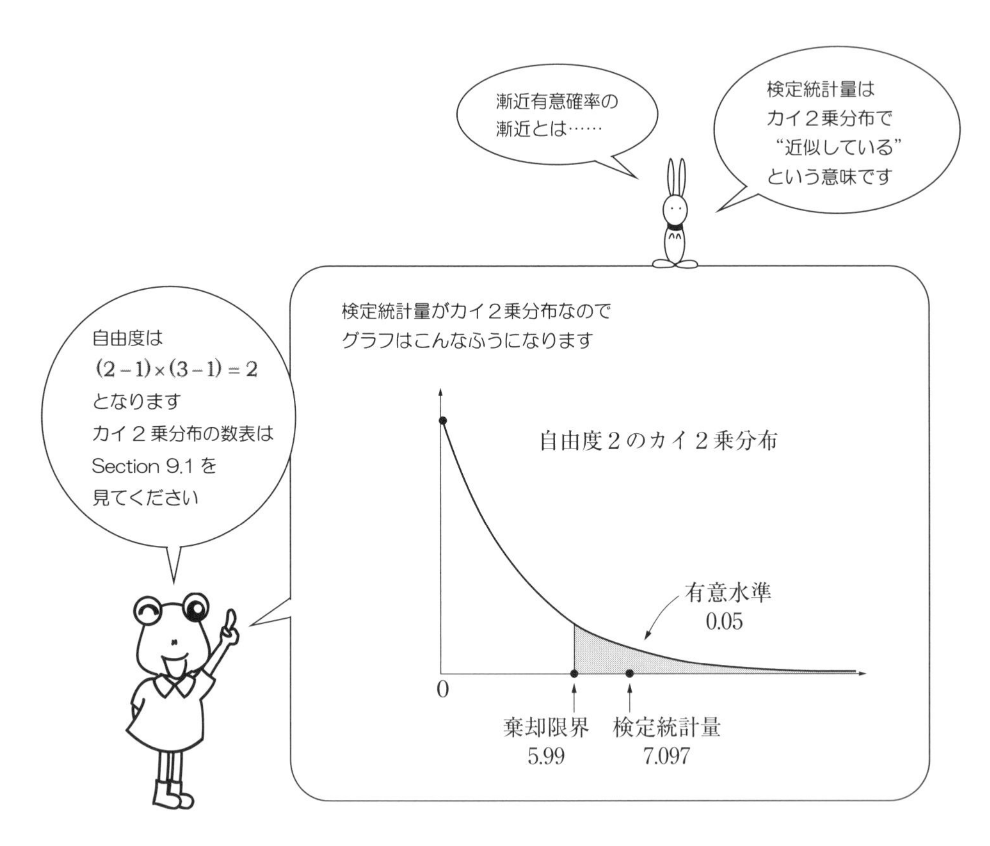

【出力結果の読み取り方】

⬅① この出力結果の読み取り方はカンタンです!!

仮説は，次のようになります．

仮説 H_0：“スポーツ” と “焼肉” は独立である

または，

仮説 H_0：“スポーツ” と “焼肉” の間に関連はない

この仮説に対して，漸近有意確率のところを見ると

漸近有意確率 0.029 ≦ 有意水準 0.05

となっているので，仮説 H_0 は棄てられます．

したがって，“スポーツ” と “焼肉” の間に関連があるといえます．

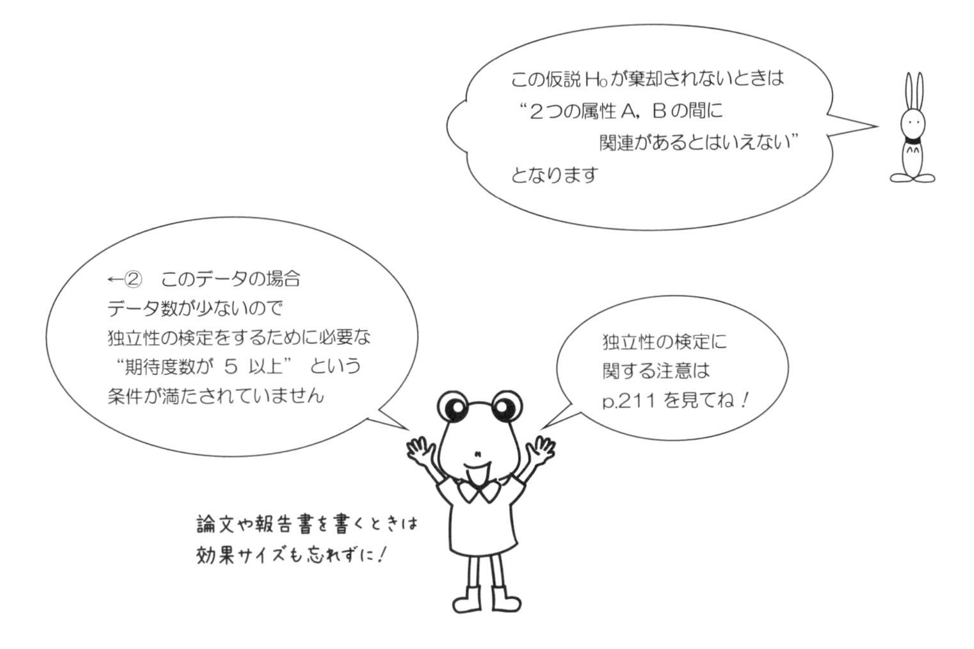

Section 12.3 残差分析をしてみましょう

独立性の検定に続く分析が残差分析です．

残差分析とは，表 12.4 のように

観測度数　　期待度数　　残差

を計算して，次の条件

$$\left|\text{調整済み残差}\right| \geqq 1.96 = Z\left(\frac{0.05}{2}\right)$$

をみたすカテゴリの組を探す手法のことです．

表 12.4　SPSS による残差分析（p.207）

属性 →			スポーツ			
↓	カテゴリ →		あまりしない	ときどきする	よくする	合計
焼肉	きらい	観測度数	5	4	1	10
		期待度数	3.3	2.5	4.2	10.0
		残差	1.7	1.5	−3.2	
		調整済み残差	1.5	1.4	−2.7	
	好き	観測度数	3	2	9	14
		期待度数	4.7	3.5	5.8	14.0
		残差	−1.7	−1.5	3.2	
		調整済み残差	−1.5	−1.4	2.7	
	合計	観測度数	8	6	10	24
		期待度数	8.0	6.0	10.0	24.0

期待度数の定義は

2つのカテゴリの組AとBが独立であるとしたときの度数

です．たとえば

カテゴリA…“スポーツをあまりしない”

カテゴリB…“焼肉がきらい”

としたとき，

$$\text{期待度数 } 3.3 = \frac{8}{24} \times \frac{10}{24} \times 24 = P_r(A) \times P_r(B) \times N$$

$$\text{観測度数 } 5.0 = \frac{5}{24} \times 24 = P_r(A \cap B) \times N$$

となります．

したがって，観測度数と期待度数の差（＝残差）が大きいときは

“その2つのカテゴリの組は独立ではない（＝関連がある）”

となります．

表12.4の調整済み残差を見ると

$$\text{標準正規分布 } Z\left(\frac{0.05}{2}\right) = 1.96$$ （⬅ p.139 図8.5）

より大きいカテゴリの組は，

“スポーツをよくする”と“焼肉が好き”

なので，

“スポーツをよくする”と“焼肉が好き”は関連がある

ということがわかります．

p.201の手順②の続きです

SPSSによる残差分析は，次のページから始まります!!

【残差分析の手順】

手順 2　次のように焼肉を行に，スポーツを列に移動したら

セル(E) をクリックします．

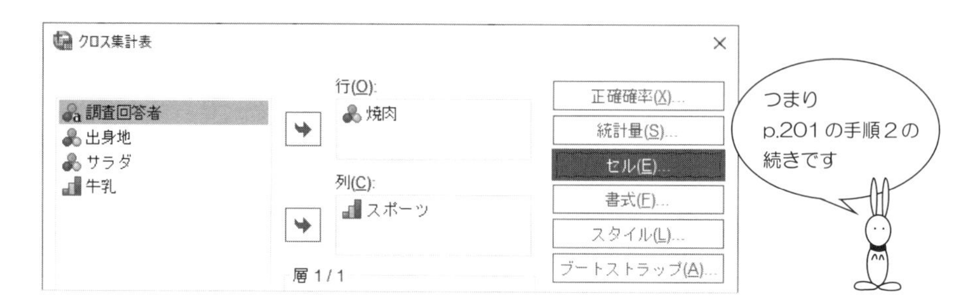

手順 3　次のセルの画面になったら

☐ 期待(E)　☐ 標準化されていない(I)

☐ 調整済みの標準化(A)

をチェックして，続行(C)．そして，OK．

クロス集計表: セル表示の設定

度数(T)
☑ 観測(O)
☑ 期待(E)
☐ 小さい度数を非表示にする(H)
次の値より小さい 5

z 検定
☐ 列の割合を比較(P)
☐ p 値の調整 (Bonferroni 法)(B)

パーセンテージ
☐ 行(R)
☐ 列(C)
☐ 合計(T)

残差
☑ 標準化されていない(U)
☐ 標準化(S)
☑ 調整済みの標準化(A)

☐ APA 形式の表を作成(P)

【SPSS による出力】

次のように，期待度数，残差，調整済み残差が出力されます．

焼肉 と スポーツ のクロス表

			スポーツ			
			あまりしない	ときどきする	よくする	合計
焼肉	きらい	度数	5	4	1	10
		期待度数	3.3	2.5	4.2	10.0
		残差	1.7	1.5	-3.2	
		調整済み残差	1.5	1.4	-2.7	
	好き	度数	3	2	9	14
		期待度数	4.7	3.5	5.8	14.0
		残差	-1.7	-1.5	3.2	
		調整済み残差	-1.5	-1.4	2.7	
合計		度数	8	6	10	24
		期待度数	8.0	6.0	10.0	24.0

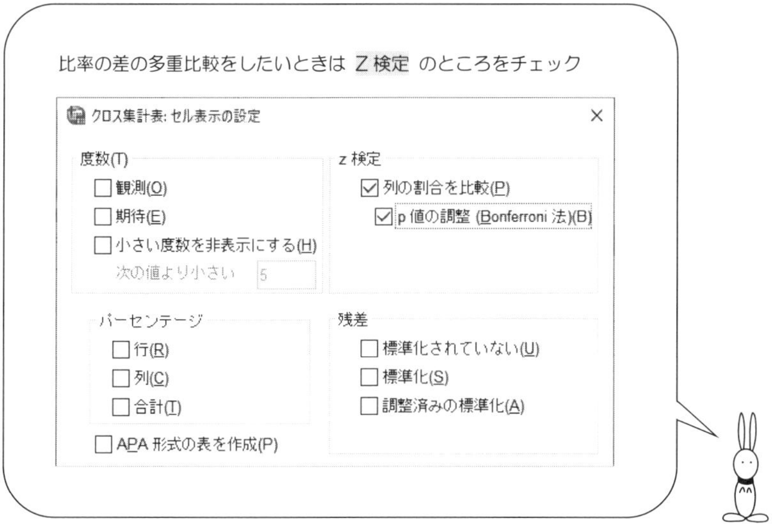

比率の差の多重比較をしたいときは Z 検定 のところをチェック

クロス集計表: セル表示の設定

度数(T)
- 観測(O)
- 期待(E)
- 小さい度数を非表示にする(H)
  次の値より小さい 5

z 検定
- ☑ 列の割合を比較(P)
  - ☑ p 値の調整 (Bonferroni 法)(B)

パーセンテージ
- 行(R)
- 列(C)
- 合計(T)

残差
- 標準化されていない(U)
- 標準化(S)
- 調整済みの標準化(A)

APA 形式の表を作成(P)

演　習

12

次のデータは，アメリカのある企業における従業員のファイルです.

問題 12.1　職種と性別のクロス集計表を作成してください.

問題 12.2　職種と性別の間に関連はありますか？独立性の検定をしてください.

データはHPからダウンロードできます

表 12.4　アメリカ企業の従業員調査

No.	性別	就学年数	職種	給与	人種
1	男性	15	管理	57000	白人
2	男性	16	事務	40200	白人
3	女性	12	事務	21450	白人
4	女性	8	事務	21900	白人
5	男性	15	警備	45000	白人
6	男性	15	事務	32100	白人
7	男性	15	管理	36000	白人
8	女性	12	警備	21900	白人
9	女性	15	事務	27900	白人
10	女性	12	管理	24000	白人
11	女性	16	事務	30300	白人
12	男性	8	警備	28350	その他
13	男性	15	事務	27750	その他
14	女性	15	事務	35100	その他
15	男性	12	事務	27300	白人
16	男性	12	事務	40800	白人
17	男性	15	事務	46000	白人
18	女性	16	管理	103750	白人
19	男性	12	事務	42300	白人
20	男性	12	警備	26250	白人
21	女性	16	警備	38850	白人
22	男性	12	事務	21750	その他
23	女性	15	事務	24000	その他
24	女性	12	警備	16950	その他
25	女性	15	事務	21150	その他
26	男性	15	事務	31050	白人
27	男性	19	管理	60375	白人
28	男性	15	事務	32550	白人
29	男性	19	管理	135000	白人
30	男性	15	事務	31200	白人

No.	性別	就学年数	職種	給与	人種
31	男性	12	事務	36150	白人
32	女性	19	管理	110625	白人
33	男性	15	事務	42000	白人
34	男性	19	管理	92000	白人
35	男性	17	管理	81250	白人
36	女性	8	事務	31350	白人
37	男性	12	事務	29100	その他
38	男性	15	事務	31350	その他
39	男性	16	警備	36000	その他
40	女性	15	事務	19200	その他
41	男性	12	警備	23500	その他
42	男性	15	事務	35100	白人
43	男性	12	事務	23250	白人
44	男性	8	事務	29250	白人
45	男性	12	警備	30750	白人
46	女性	15	事務	22350	白人
47	女性	12	事務	30000	白人
48	男性	12	警備	30750	白人
49	男性	15	事務	34800	白人
50	男性	16	管理	60000	白人
51	男性	12	事務	35550	白人
52	男性	15	警備	45150	白人
53	男性	18	管理	73750	白人
54	男性	12	事務	25050	白人
55	男性	12	事務	27000	白人
56	男性	15	事務	26850	白人
57	男性	15	事務	33900	白人
58	女性	15	警備	26400	白人
59	男性	15	事務	28050	その他
60	男性	12	事務	30900	その他
61	男性	8	事務	22500	その他
62	女性	16	管理	48000	白人
63	男性	17	管理	55000	白人
64	男性	16	管理	53125	白人
65	男性	8	事務	21900	白人
66	女性	19	管理	78125	白人
67	男性	16	管理	46000	白人
68	女性	16	管理	45250	白人
69	男性	16	管理	56550	白人
70	男性	15	事務	41100	白人

就学年数や給与の
クロス集計表を作るときは
p.76 の
他の変数への値の再割り当て(R)
を利用しましょう

解答 12.1

クロス集計表

職種 と 性別 のクロス表

度数

		性別		
		女性	男性	合計
職種	管理職	6	12	18
	警備職	4	8	12
	事務職	11	29	40
合計		21	49	70

解答 12.2

クロス集計表

カイ 2 乗検定

	値	自由度	漸近有意確率 (両側)
Pearson のカイ 2 乗	.278[a]	2	.870
尤度比	.277	2	.871
有効なケースの数	70		

a. 1 セル (16.7%) は期待度数が 5 未満です。最小期待度数は 3.60 です。

カイ 2 乗検定のところを見ると

漸近有意確率 0.870＞有意水準 0.05

なので，仮説 H_0 は棄てられません．

したがって，職種と性別の間に関連があるとはいえません．

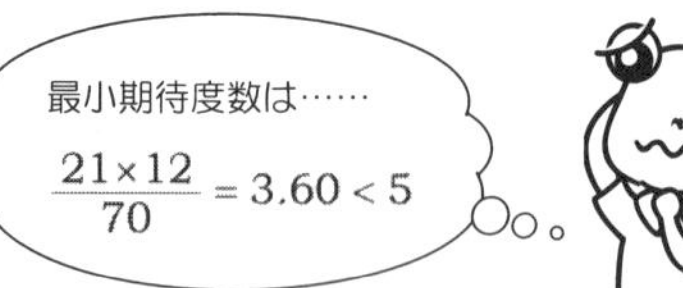

【独立性の検定に関する注意!!】

実は，独立性の検定のとき，“期待度数が5以上”という条件が付きます.

このデータは最小の期待度数が3.60なので，その条件を満たしていません.

このようなときのために，SPSSでは

正確確率検定 Exact Tests

が用意されています.

正確確率検定による出力は，次のようになります.

クロス集計表

カイ2乗検定

	値	自由度	漸近有意確率(両側)	正確な有意確率(両側)
Pearsonのカイ2乗	.278[a]	2	.870	.879
尤度比	.277	2	.871	.879
Fisher-Freeman-Haltonの正確確率検定	.427			.820
有効なケースの数	70			

a. 1セル(16.7%)は期待度数が5未満です。最小期待度数は3.60です。

カイ2乗検定の正確有意確率のところを見ると

正確有意確率 0.879 ＞ 有意水準 0.05

なので，仮説 H_0 は棄てられません.

したがって，職種と性別の間に関連があるとはいえません.

有意確率の値は少し異なりましたが，同じ結論になりました.

13章 その比率に差がありますか？

次のデータは，ランダムに選ばれた女性と男性の合計 900 人に対しておこなった内閣支持率のアンケート調査の結果です.

表 13.1　女性と男性のアンケート調査

女性のグループ

内閣を支持する	内閣を支持しない
175 人	225 人

男性のグループ

内閣を支持する	内閣を支持しない
184 人	316 人

クロス集計表にまとめると，次のようになります.

表 13.2　2 × 2 クロス集計表

	支持する	支持しない
女性	175 人	225 人
男性	184 人	316 人

知りたいことは……

- 女性と男性とでは，内閣支持率に差があるのでしょうか？

このようなときは

2つの母比率の差の検定

をしてみましょう.

この検定の仮説と対立仮説は，次のようになります.

仮説 H_0：2つの母比率は等しい

対立仮説 H_1：2つの母比率は異なる

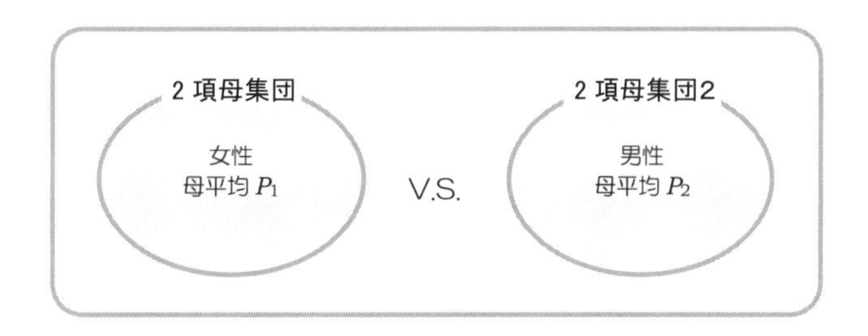

表 13.2 のクロス集計表は，次のように入力します.

Section 13.1　2つの母比率の差の検定をしましょう

手順 1　分析(A) のメニューから

平均の比較(M) ⇨ 独立サンプルの比率(R)

を選択します.

手順 **2**　独立サンプルの比率の画面になったら

内閣の支持　を　検定変数(T) の中へ

性別　　　　を　グループ化変数(O) の中へ

それぞれ，移動します．

あとは OK ボタンをマウスでカチッ！

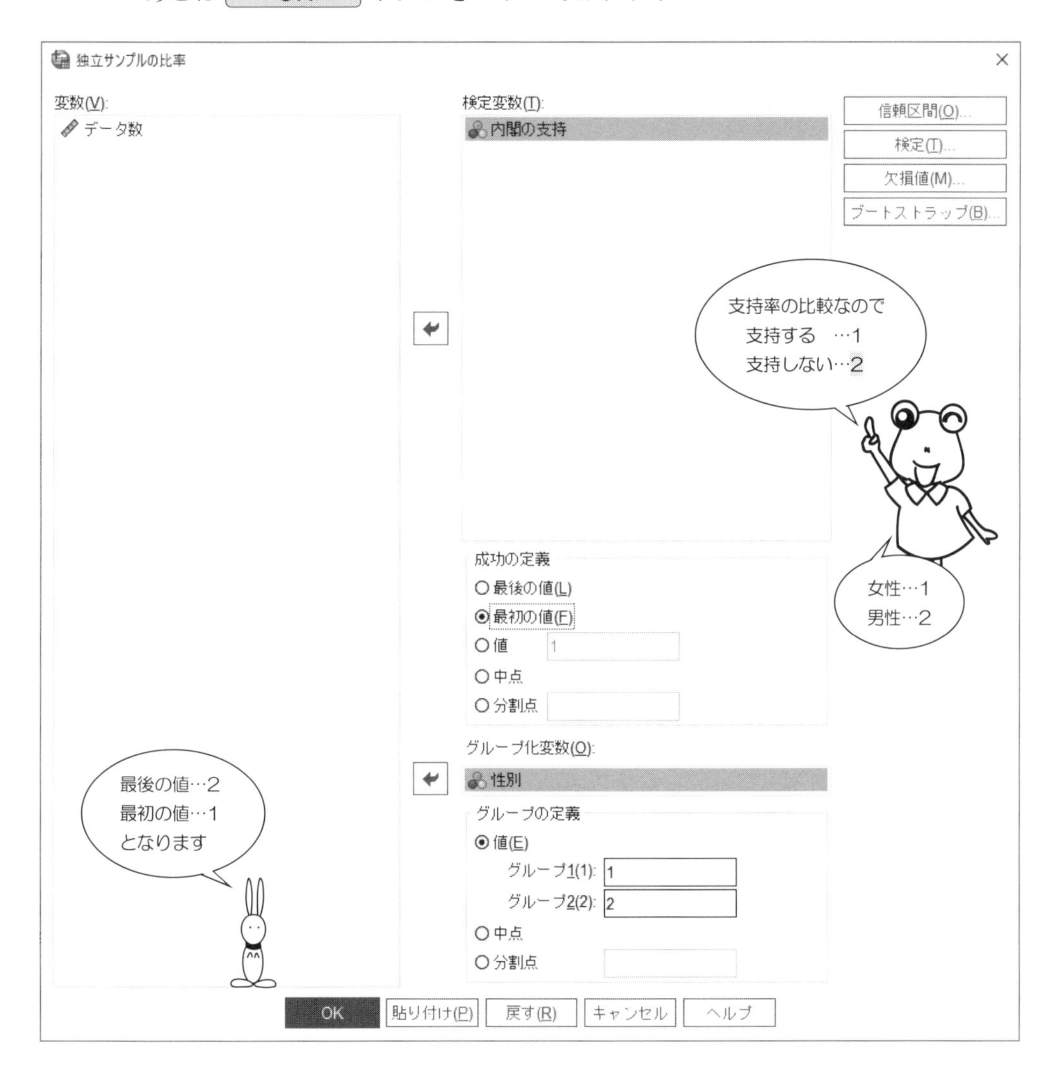

【SPSS による出力】— 2 つの母比率の差の検定 —

比率

独立したサンプルの比率のグループ統計量

	性別	成功数	試行	比率	漸近標準誤差
内閣の支持 = 1.00	= 1.00	175	400	.438	.025
	= 2.00	184	500	.368	.022

← ①

独立したサンプルの比率の信頼区間

	区間のタイプ	比率の差	漸近標準誤差	差の 95% 信頼区間	
				下限	上限
内閣の支持 = 1.00	Agresti-Caffo	.070	.033	.005	.134
	Newcombe	.070	.033	.005	.133

← ②

独立したサンプルの比率検定

	検定の種類	比率の差	漸近標準誤差	Z
内閣の支持 = 1.00	Wald H0	.070	.033	2.116
	Wald H0 (連続修正)	.070	.033	2.047

	検定の種類	有意	
		片側 p 値	両側 p 値
内閣の支持 = 1.00	Wald H0	.017	.034
	Wald H0 (連続修正)	.020	.041

← ③

【出力結果の読み取り方】

⬅① 標本比率です.

- 女性の支持率 $= \dfrac{175}{400} = 0.438$

- 男性の支持率 $= \dfrac{184}{500} = 0.368$

⬅② 比率の差の区間推定です.

0.005 ≦ 女性の支持率 − 男性の支持率 ≦ 0.134

なので

女性の支持率 − 男性の支持率 = 0

になることはありません.

⬅③ 2つの母比率の差の検定です.

有意確率（両側 P 値）0.034 ≦ 有意水準 0.05

なので，仮説 H_0 は棄てられます．したがって

“女性と男性の支持率に有意差がある”

ことがわかります.

ところで、この両側検定は独立性の検定と同じです

カイ 2 乗検定

	値	自由度	漸近有意確率 (両側)
Pearson のカイ 2 乗	4.477[a]	1	.034
連続修正[b]	4.191	1	.041

演習 13

次のデータは大都市と地方都市においておこなった
花粉症で悩んでいるかどうかのアンケート調査の結果です.

大都市のグループ A_1

花粉症で悩んでいる	花粉症で悩んでいない
132 人	346 人

地方都市のグループ A_2

花粉症で悩んでいる	花粉症で悩んでいない
95 人	403 人

問題 13.1 大都市と地方都市で
花粉症で悩んでいる人の
標本比率を求めて下さい.

問題 13.2 大都市と地方都市で
花粉症で悩んでいる人の比率が同じかどうか
2つの母比率の差の検定をしてください.

解答

地域 と 花粉症 のクロス表

度数

		花粉症		
		悩んでいる	悩んでいない	合計
地域	大都市	132	346	478
	地方都市	95	403	498
合計		227	749	976

カイ 2 乗検定

	値	自由度	漸近有意確率 (両側)	正確な有意確率 (両側)	正確有意確率 (片側)
Pearson のカイ 2 乗	9.963[a]	1	.002		
連続修正[b]	9.490	1	.002		
尤度比	9.990	1	.002		
Fisher の直接法				.002	.001
線型と線型による連関	9.953	1	.002		
有効なケースの数	976				

a. 0 セル (0.0%) は期待度数が 5 未満です。最小期待度数は 111.17 です。

b. 2x2 表に対してのみ計算

有意確率と有意水準を比較すると

漸近有意確率（両側）0.002 ≦ 有意水準 0.05

なので，仮説 H_0 は棄却されます．

したがって，

“大都市と地方都市とでは，

花粉症で悩んでいる人の比率は異なっている”

ことがわかります．

14章 時系列データはなめらかに！

次のデータは，地方都市における新型コロナ感染者数を調査したものです．

表 14.1　新型コロナ感染者数

時間	感染者数	時間	感染者数	時間	感染者数
1 週目	58	11 週目	74	21 週目	111
2 週目	48	12 週目	41	22 週目	67
3 週目	12	13 週目	27	23 週目	103
4 週目	27	14 週目	66	24 週目	79
5 週目	36	15 週目	70	25 週目	76
6 週目	53	16 週目	73	26 週目	41
7 週目	72	17 週目	129	27 週目	84
8 週目	66	18 週目	89	28 週目	131
9 週目	82	19 週目	67	29 週目	96
10 週目	70	20 週目	113	30 週目	63

このデータのように，

“時間と共に変わるデータ”

を

時系列データ

といいます．

感染者数の変化をグラフで描いてみましょう．

手順 **1**　グラフ(G) のメニューから，

レガシーダイアログ(L) ⇨ 折れ線(L) を選択します．

ファイル(F)　編集(E)　表示(V)　データ(D)　変換(T)　分析(A)　グラフ(G)　ユーティリティ(U)　拡張機能(X)　ウィンドウ(W)　ヘルプ(H)

図表ビルダー(C)...
グラフボード テンプレート選択(G)...
関係マップ(R)...
ワイブル プロット...
サブグループの比較
回帰変数プロット
レガシー ダイアログ(L) ＞

棒(B)...
3-D 棒(3)...
折れ線(L)...
面(A)...
円(E)...
ハイ ロー(H)...
箱ひげ図(X)...
エラー バー(O)...

	時間	感染者数	var	var
1	1週目	58.00		
2	2週目	48.00		
3	3週目	12.00		
4	4週目	27.00		
5	5週目	36.00		
6	6週目	53.00		
7	7週目	72.00		
8	8週目	66.00		
9	9週目	82.00		
10	10週目	70.00		
11	11週目	74.00		
12	12週目	41.00		
13	13週目	27.00		

手順 **2**　次の画面になったら，単純 を選び，各ケースの値(I) を選択して

定義 をクリック．

手順 3　感染者数を 線の表現内容(L) の中へ． カテゴリラベル の 変数 を選択し，時間を移動して， OK をマウスでカチッ！

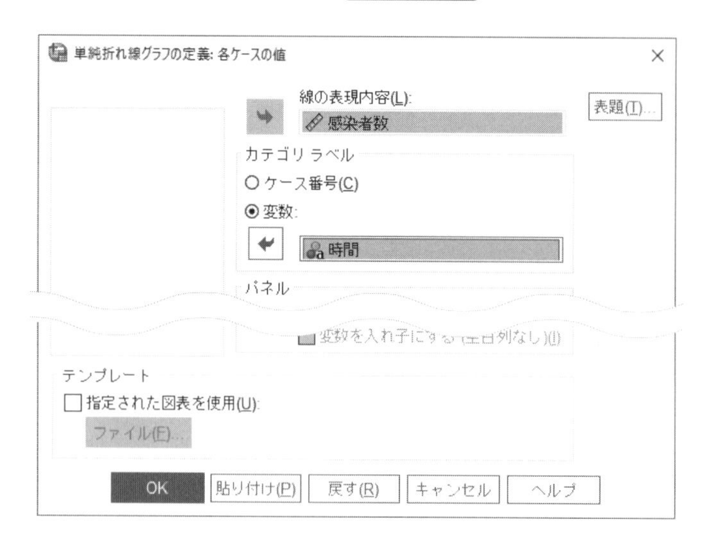

【SPSS による出力】

しばらくすると……，折れ線グラフができました．

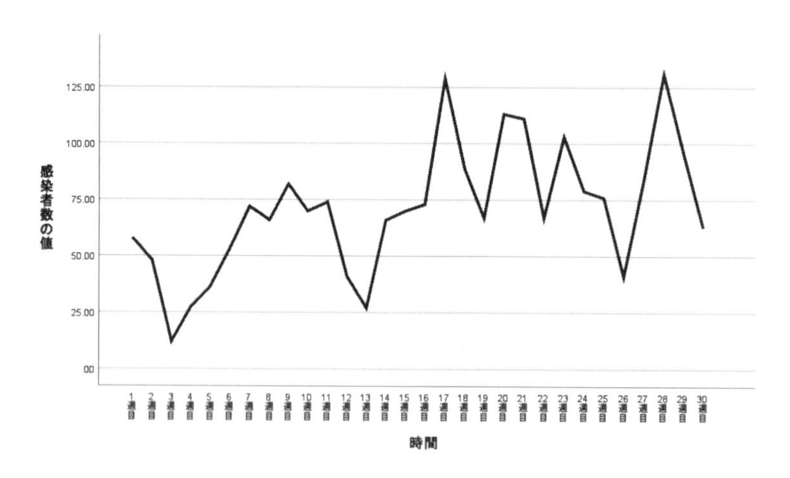

【出力結果の読み取り方】

この折れ線グラフを見ていると，感染者数は時間と共に上下していますが全体として右下がりのような気がします．

このようなときは，この折れ線グラフをもう少し なめらかに してみましょう．その方法に

- 3 項移動平均
- 5 項移動平均

などがあります．

3 項移動平均とは，隣り合う 3 項の平均値を次々に求める方法です．

表 14.2　3 項移動平均

時間	感染者数	3 項の合計	3 項移動平均
1 週目	58		
2 週目	48	118	39.33
3 週目	12	87	29.00
4 週目	27	75	25.00
5 週目	36	116	38.67
6 週目	53	161	53.67
⋮		⋮	⋮

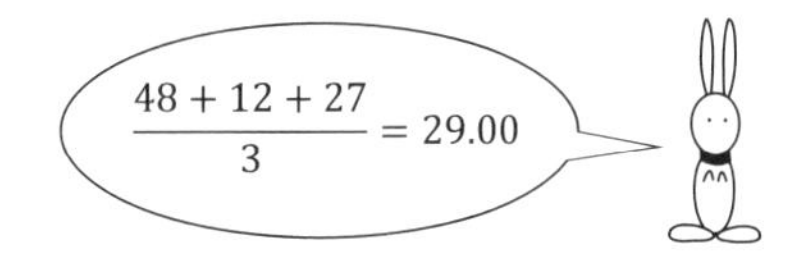

つまり，移動平均は，

“データの前後で平均値をとることにより
グラフの折れ線を なめらかに する手法”

ということです．

Section 14.1　3 項移動平均をしましょう

手順 1　変換(T) のメニューの中から，時系列の作成(M) を選択すると……

ファイル(F)　編集(E)　表示(V)　データ(D)　変換(T)　分析(A)　グラフ(G)　ユーティリティ(U)　拡張機能(X)　ウィンドウ(W)　ヘル

変数の計算(C)...
プログラマビリティの変換...
出現数の計算(O)...
シフト値(F)...
同一の変数への値の再割り当て(S)...
他の変数への値の再割り当て(R)...
連続数への再割り当て(A)...
ダミー変数を作成
連続変数のカテゴリ化(B)...
最適カテゴリ化(I)...
モデル作成のデータ準備(P)
ケースのランク付け(K)...
日付と時刻ウィザード(D)...
時系列の作成(M)...
欠損値の置き換え(V)...

	時間	感染者数	var	var	var	var
1	1週目	58.00				
2	2週目	48.00				
3	3週目	12.00				
4	4週目	27.00				
5	5週目	36.00				
6	6週目	53.00				
7	7週目	72.00				
8	8週目	66.00				
9	9週目	82.00				
10	10週目	70.00				
11	11週目	74.00				
12	12週目	41.00				
13	13週目	27.00				
14	14週目	66.00				

手順 2　次の画面になったら．3 項移動平均の値を 変数→新規名(A) のところに作成しましょう．そこで，感染者数をクリックして移動すると……

手順 **3**　このままでは差分になってしまいます.

そこで……

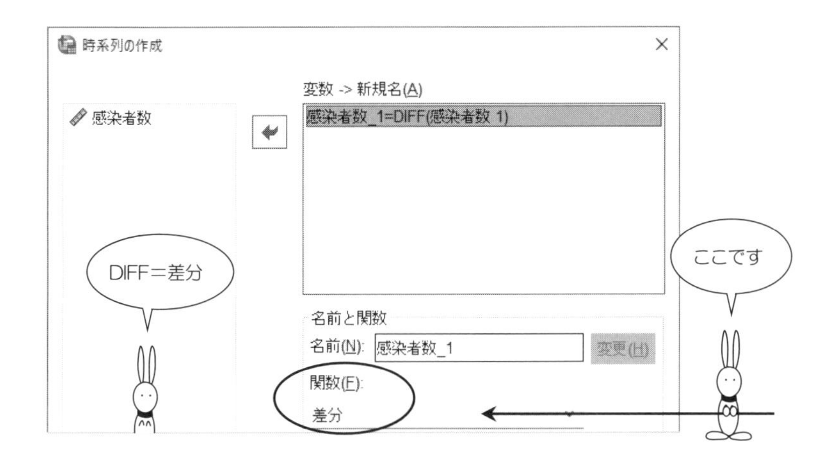

手順 **4**　関数(F) の中から中心化移動平均を選びます.

続いて, 変更(H) をクリック.

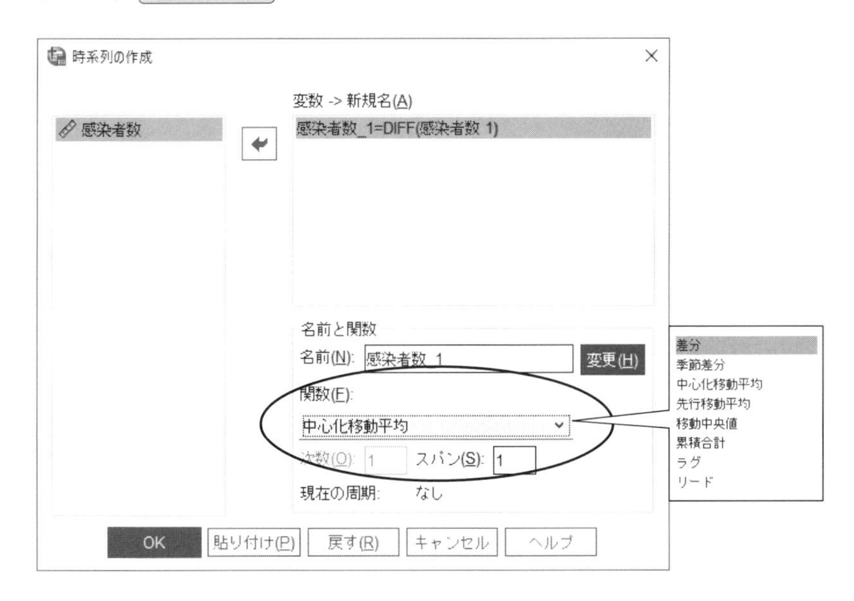

手順5 次に，スパン(S) を 3 にして，変更(H)．

あとは，OK ボタンをマウスでカチッ！

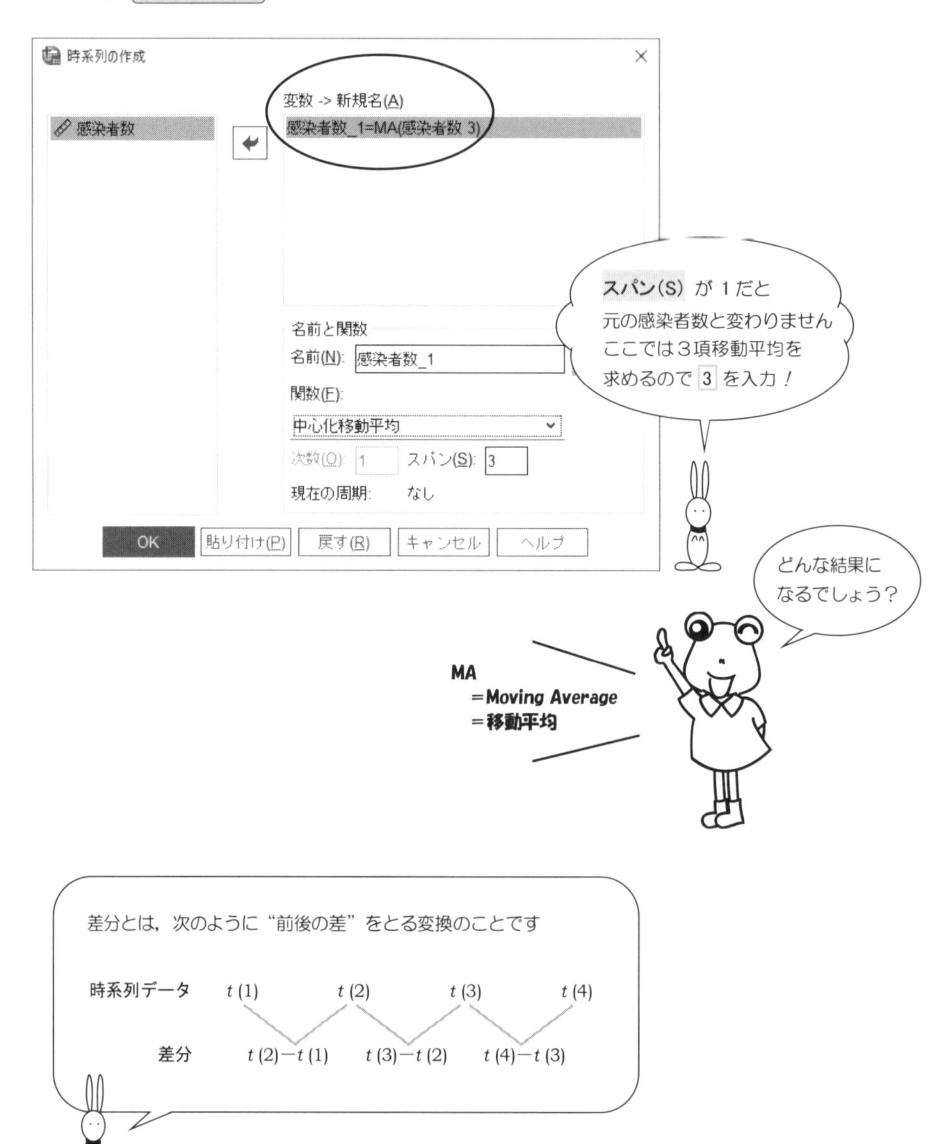

【SPSS による出力】— 3 項移動平均 —

データビューの **感染者数** の右側に，新しい変数 **感染者数 1** が現れています.

	時間	感染者数	感染者数_1	var	var	var	var	var
1	1週目	58.00	.					
2	2週目	48.00	39.33					
3	3週目	12.00	29.00					
4	4週目	27.00	25.00					
5	5週目	36.00	38.67					
6	6週目	53.00	53.67					
7	7週目	72.00	63.67					
8	8週目	66.00	73.33					
9	9週目	82.00	72.67					
10	10週目	70.00	75.33					
11	11週目	74.00	61.67					
12	12週目	41.00	47.33					
13	13週目	27.00	44.67					
14	14週目	66.00	54.33					
15	15週目	70.00	69.67					
16	16週目	73.00	90.67					
17	17週目	129.00	97.00					
18	18週目	89.00	95.00					
19	19週目	67.00	89.67					
20	20週目	113.00	97.00					
21	21週目	111.00	97.00					
22	22週目	67.00	93.67					
23	23週目	103.00	83.00					
24	24週目	79.00	86.00					
25	25週目	76.00	65.33					
26	26週目	41.00	67.00					
27	27週目	84.00	85.33					
28	28週目	131.00	103.[illegible]					
29	29週目	96.00	96.[illegible]					
30	30週目	63.00	[illegible]					
31		.						

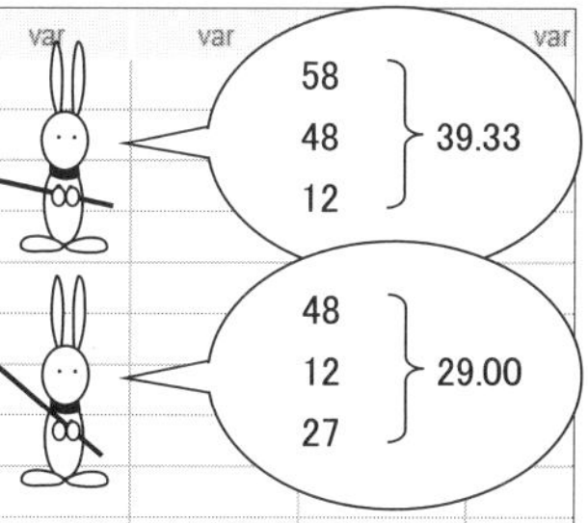

58
48
12
39.33

48
12
27
29.00

感染者数1という
新しい変数が
現れました！

感染者数１の値を，確認してみましょう．

$$39.33 = \frac{58 + 48 + 12}{12}$$

$$29.00 = \frac{48 + 12 + 27}{3}$$

確かに，３項の平均値になっていますね !!

この感染者数１の折れ線グラフを描くと……

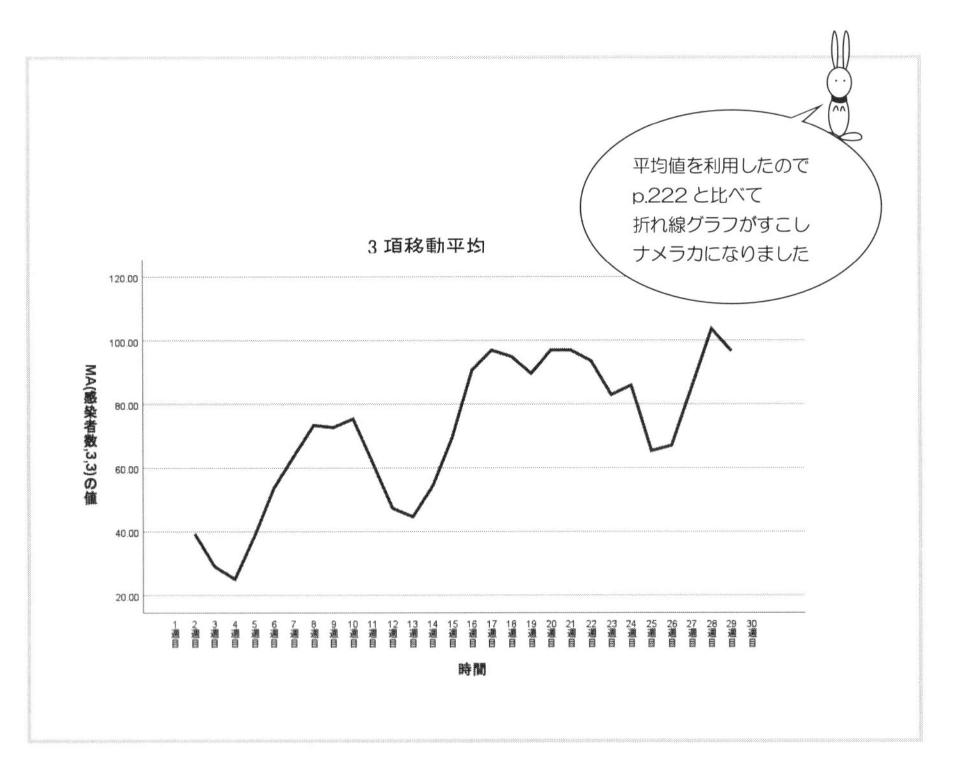

図 14.1　３項移動平均のグラフ

【5 項移動平均のときは？】

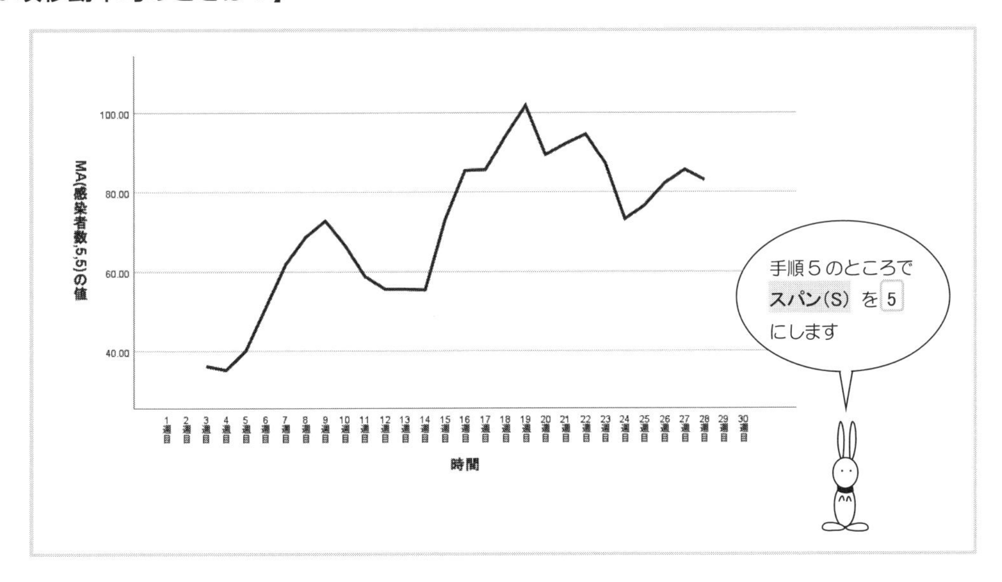

【12 項移動平均のときは？】

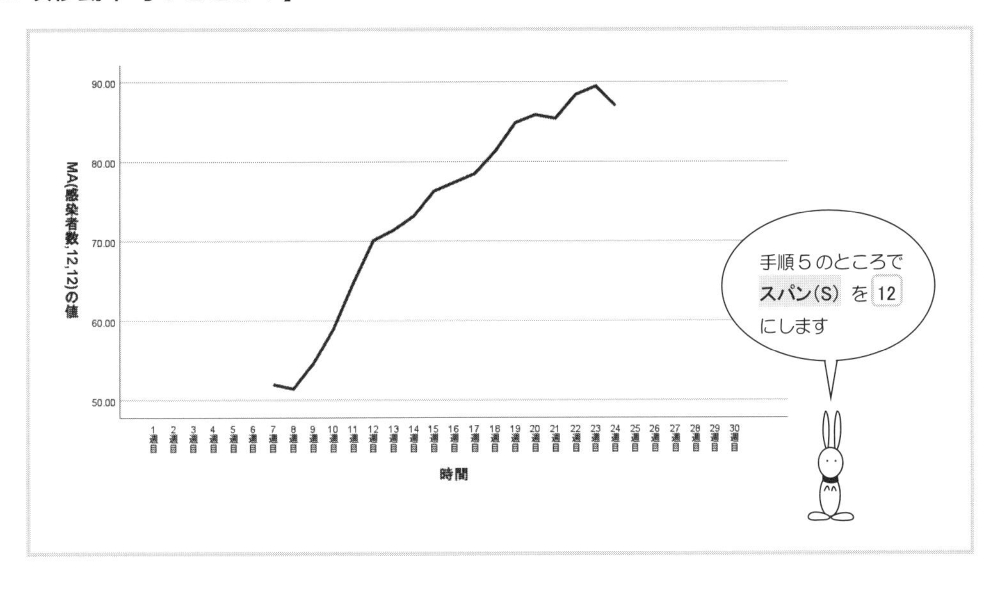

Section 14.2　指数平滑化で明日を予測しましょう

時系列データは時間と共に変わるデータです.

このデータを利用して，明日を予測できないものなのでしょうか？

明日を予測する統計手法に

指数平滑化法

があります．この方法は時系列データを使って

“1期先の値を予測する”

ためのものです.

1期先の予測値を $\hat{x}(t, 1)$ とすると

$$\hat{x}(t, 1) = \alpha \times x(t) + \alpha(1-\alpha) \times x(t-1) + \alpha(1-\alpha)^2 \times x(t-2) + \cdots$$

となります.

この平滑化パラメータ α は

$$0 \leqq \alpha \leqq 1$$

の間の値をとります.

α が1に近いほど，予測値 $\hat{x}(t, 1)$ は直前のデータの影響を受けます.

予測値 $\hat{x}(t-1, 1)$ を使うと，次の公式が成り立ちます.

$$\hat{x}(t, 1) = \alpha \times x(t) + (1-\alpha) \times \hat{x}(t-1, 1)$$

SPSSで1期先の値を予測するには，Forecastingというオプションを使います.

手順 **1**　分析(A) のメニューから，時系列(T) ⇨ 従来モデルの作成(C) を選択します．

手順 2 次の画面が現れるので，感染者数を 従属変数(D) の中へ移動します．

方法(M) の中の指数平滑法を選んで， 基準(C) をクリックします．

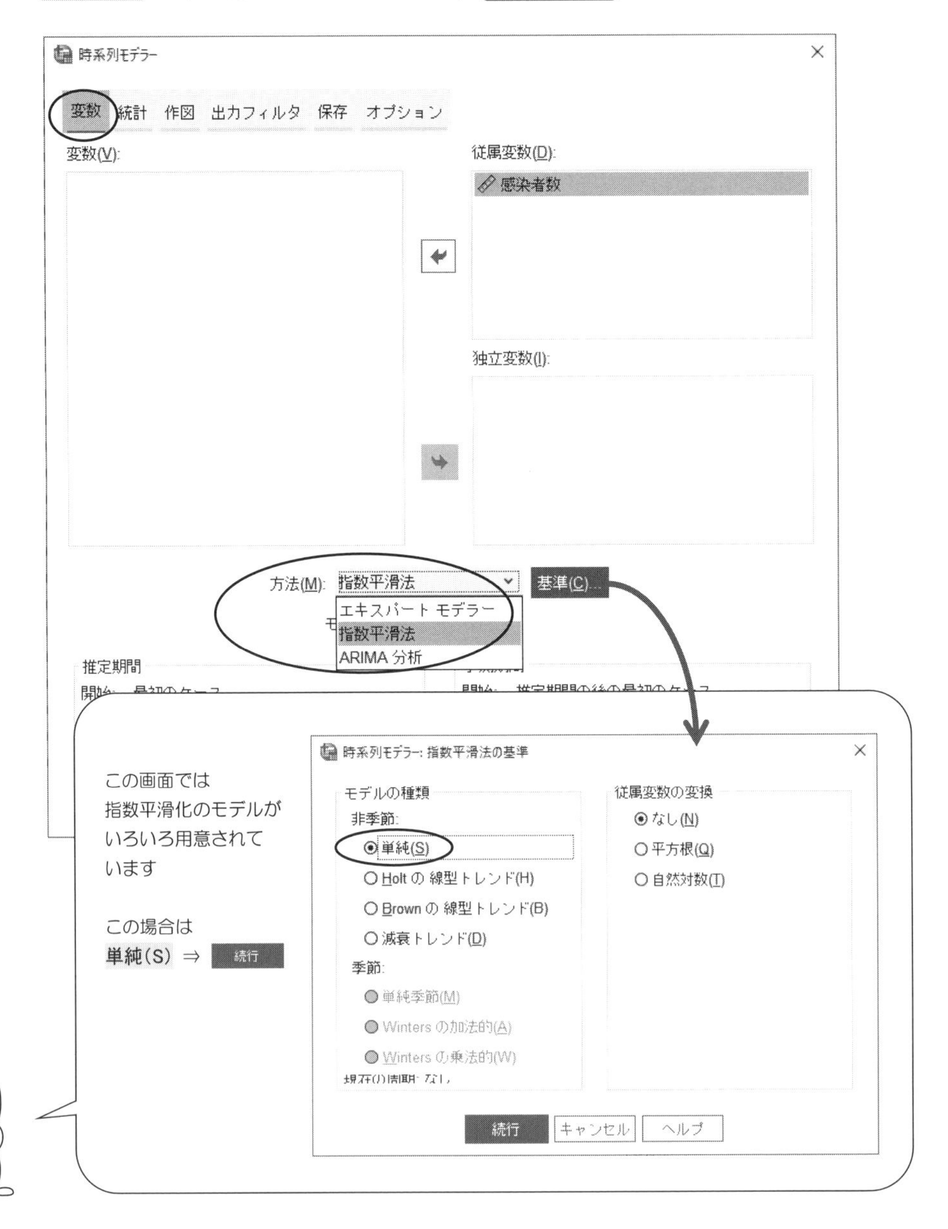

手順 3　統計 の画面では，次のようにチェックします．

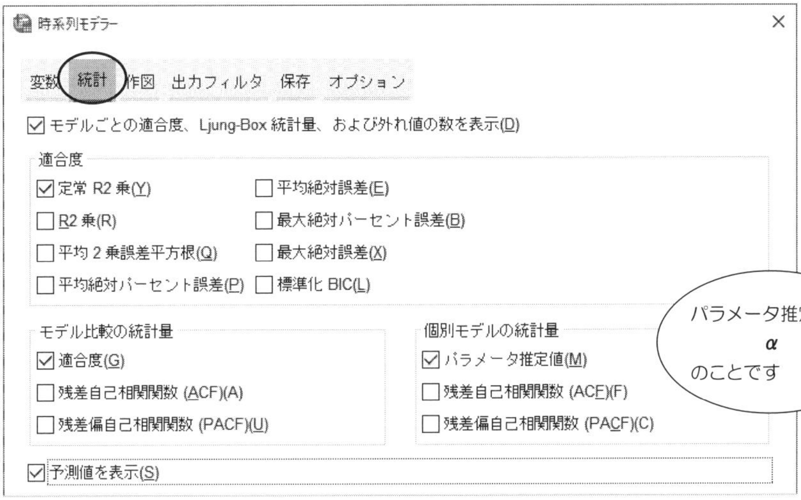

時系列モデラー

変数　統計　作図　出力フィルタ　保存　オプション

☑ モデルごとの適合度、Ljung-Box 統計量、および外れ値の数を表示(D)

適合度
- ☑ 定常 R2 乗(Y)
- ☐ R2 乗(R)
- ☐ 平均 2 乗誤差平方根(Q)
- ☐ 平均絶対パーセント誤差(P)
- ☐ 平均絶対誤差(E)
- ☐ 最大絶対パーセント誤差(B)
- ☐ 最大絶対誤差(X)
- ☐ 標準化 BIC(L)

モデル比較の統計量
- ☑ 適合度(G)
- ☐ 残差自己相関関数 (ACF)(A)
- ☐ 残差偏自己相関関数 (PACF)(U)

個別モデルの統計量
- ☑ パラメータ推定値(M)
- ☐ 残差自己相関関数 (ACF)(F)
- ☐ 残差偏自己相関関数 (PACF)(C)

☑ 予測値を表示(S)

パラメータ推定値は
α
のことです

手順 4　作図 の画面では，次のようにチェックして，

あとは OK をマウスでカチッ！

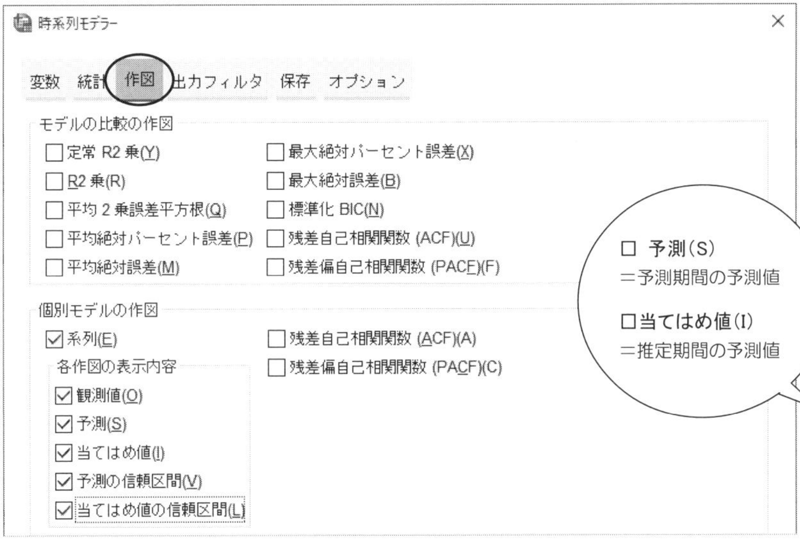

時系列モデラー

変数　統計　作図　出力フィルタ　保存　オプション

モデルの比較の作図
- ☐ 定常 R2 乗(Y)
- ☐ R2 乗(R)
- ☐ 平均 2 乗誤差平方根(Q)
- ☐ 平均絶対パーセント誤差(P)
- ☐ 平均絶対誤差(M)
- ☐ 最大絶対パーセント誤差(X)
- ☐ 最大絶対誤差(B)
- ☐ 標準化 BIC(N)
- ☐ 残差自己相関関数 (ACF)(U)
- ☐ 残差偏自己相関関数 (PACF)(F)

個別モデルの作図
- ☑ 系列(E)
- 各作図の表示内容
  - ☑ 観測値(O)
  - ☑ 予測(S)
  - ☑ 当てはめ値(I)
  - ☑ 予測の信頼区間(V)
  - ☑ 当てはめ値の信頼区間(L)
- ☐ 残差自己相関関数 (ACF)(A)
- ☐ 残差偏自己相関関数 (PACF)(C)

☐ 予測(S)
＝予測期間の予測値

☐ 当てはめ値(I)
＝推定期間の予測値

【SPSS による出力】― 指数平滑化 ―

時系列モデル

モデルの説明

			モデルの種類
モデル ID	感染者数	モデル_1	単純

← ①

モデルの要約

指数平滑法モデル パラメータ

モデル			推定値	標準誤差	t 値	有意確率
感染者数-モデル_1	変換なし	アルファ (レベル)	.264	.124	2.126	.042

← ②

予測

モデル		31
感染者数-モデル_1	予測	84.33
	UCL	138.38
	LCL	30.28

← ③

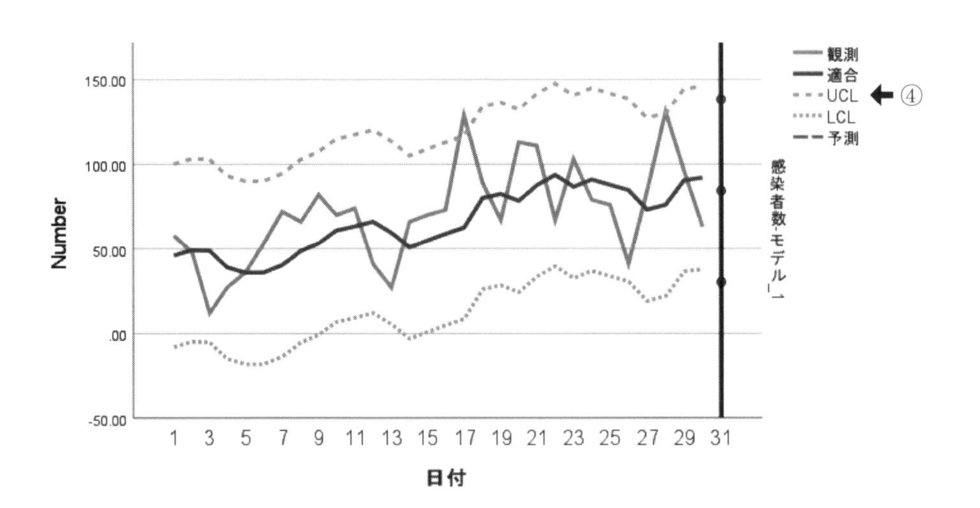

【出力結果の読み取り方】

⬅① モデルの説明です.

このモデルは単純指数平滑化であることを示しています.

⬅② 平滑化パラメータ α を求めています.

この指数平滑化のモデル式は，次のようになります.

$$\begin{aligned}\hat{x}(t,1) = 0.264 \times x(t) &+ 0.264 \times (1-0.264) \times x(t-1)\\ &+ 0.264 \times (1-0.264)^2 \times x(t-2)\\ &+ \cdots\end{aligned}$$

⬅③ 31 週目の感染者数の予測値と信頼係数 95% の信頼区間です.

$$\begin{aligned}\hat{x}(t,1) &= 0.264 \times 63 + 0.264 \times (1-0.264) \times 96\\ &\quad + 0.264 \times (1-0.264)^2 \times 131\\ &\quad + \cdots\\ &= 84.33\end{aligned}$$

⬅④
- 適合＝当てはめ値＝ Fit value

  30 週までの予測値です
- 予測＝予測値＝ Forecast

  31 週目の予測値です
- UCL ＝上側信頼限界＝上限
- LCL ＝下側信頼限界＝下限

演　習
14

次のデータは株価の変動を調査したものです.

問題 14.1　3 項移動平均のグラフを作ってください.

問題 14.2　5 項移動平均のグラフを作ってください.

表 14.3　企業の株価

時点	株価	時点	株価	時点	株価	時点	株価	時点	株価
1	353	21	317	41	290	61	323	81	335
2	347	22	320	42	295	62	327	82	332
3	345	23	325	43	296	63	328	83	331
4	335	24	323	44	291	64	325	84	341
5	325	25	330	45	282	65	332	85	342
6	326	26	326	46	286	66	335	86	342
7	322	27	317	47	288	67	330	87	336
8	325	28	295	48	282	68	330	88	331
9	308	29	298	49	282	69	318	89	333
10	315	30	300	50	285	70	318	90	326
11	306	31	300	51	286	71	326	91	317
12	310	32	300	52	286	72	330	92	323
13	310	33	305	53	292	73	335	93	327
14	321	34	307	54	298	74	332	94	327
15	326	35	301	55	305	75	333	95	325
16	321	36	296	56	310	76	337	96	320
17	327	37	300	57	313	77	340	97	312
18	322	38	295	58	315	78	341	98	306
19	322	39	291	59	317	79	343	99	313
20	317	40	290	60	323	80	341	100	307

解答 14.1

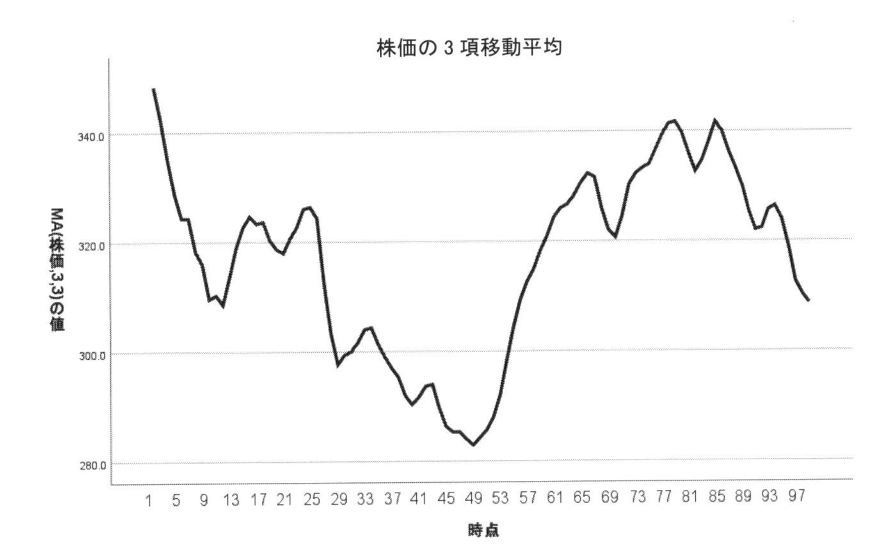

株価の 3 項移動平均
340.0
320.0
300.0
280.0
MA(株価,3,3)の値
1 5 9 13 17 21 25 29 33 37 41 45 49 53 57 61 65 69 73 77 81 85 89 93 97
時点

解答 14.2

株価の 5 項移動平均
340.0
330.0
320.0
310.0
300.0
290.0
280.0
MA(株価_1,5,5)の値
1 5 9 13 17 21 25 29 33 37 41 45 49 53 57 61 65 69 73 77 81 85 89 93 97
時点

統計分析力にチャレンジ！

問題 1　いろいろなグラフ表現にチャレンジ！

その 1.　次の表は，人間ドックで発見された主な症状を，調査した結果です．

主な症状と人数

	脂質代謝異常	肥満	肝機能障害	高血圧	高血糖	腎障害
人数	97人	78人	59人	38人	19人	9人

その 2.　次の表は，各年代における肥満の比率を調査した結果です．

各年代における肥満の比率

	20代	30代	40代	50代	60代	70代以上
女性	8.1	12.6	19.8	23.8	30.3	28.3
男性	14.8	32.7	34.4	30.9	30.7	20.9

問 1.1　主な症状と人数の棒グラフを描いてください．

問 1.2　主な症状と人数の円グラフを描いてください．

問 1.3　各年代における肥満の比率の折れ線グラフを描いてください．

問題 2　度数分布表とヒストグラムにチャレンジ！

次のデータは，タバコを吸う男性 50 人を対象に脈拍数と血圧を測定した結果です．

タバコを吸う男性の脈拍数と血圧

被験者 No.	脈拍数	収縮期血圧	被験者 No.	脈拍数	収縮期血圧
1	93	162	26	89	147
2	73	119	27	76	149
3	69	137	28	63	125
4	80	164	29	84	158
5	82	151	30	73	147
6	67	136	31	80	167
7	102	155	32	79	134
8	56	128	33	58	149
9	81	172	34	87	167
10	93	164	35	67	151
11	98	187	36	78	135
12	87	165	37	81	142
13	59	127	38	104	169
14	73	139	39	76	162
15	97	151	40	85	171
16	74	157	41	103	148
17	85	143	42	70	124
18	110	168	43	85	142
19	72	124	44	75	137
20	87	135	45	92	136
21	112	184	46	76	156
22	107	178	47	89	182
23	78	163	48	63	126
24	67	153	49	64	139
25	91	181	50	76	141

問 2.1　タバコを吸う男性 50 人の脈拍数の度数分布表を作成してください．

問 2.2　タバコを吸う男性 50 人の脈拍数のヒストグラムを描いてください．

問題 3　基礎統計量にチャレンジ！

次のデータは，喫煙歴の異なる 2 つの男性グループを対象におこなった喫煙量とトレッドミルで息切れするまでの時間を測定した結果です．

喫煙量と息切れまでの時間

喫煙歴 5 年未満のグループ

被験者 No.	タバコの本数（本）	息切れまでの時間（分）
1	26	7.3
2	11	11.4
3	8	9.6
4	39	13.1
5	27	6.3
6	21	13.9
7	10	8.5
8	5	15.3
9	11	6.9
10	25	8.2
11	10	12.4
12	9	16.1
13	45	4.2
14	21	10.5
15	13	12.7

喫煙歴 5 年以上のグループ

被験者 No.	タバコの本数（本）	息切れまでの時間（分）
1	37	9.3
2	23	14.5
3	47	5.5
4	23	9.2
5	59	4.8
6	23	12.9
7	15	8.9
8	29	10.9
9	64	3.6
10	42	2.6
11	32	11.1
12	54	6.4
13	14	16.7
14	65	7.1
15	36	9.3

問 3.1　喫煙歴 5 年以上のグループのタバコの本数の平均値を求めてください．

問 3.2　喫煙歴 5 年以上のグループのタバコの本数の分散と標準偏差を求めてください．

問 3.3　喫煙歴 5 年未満のグループと 5 年以上のグループにおけるタバコの本数の平均値や分散・標準偏差を比較してください．

問題 4　散布図・相関係数・回帰直線にチャレンジ！

次のデータは，黒ビール好きの男性 15 人を対象におこなった飲酒量とアルコールが消えるまでの時間を測定した結果です．

飲酒量とアルコールが消えるまでの時間

調査対象者 No.	黒ビール (本)	アルコールが消えるまでの時間(分)
1	1.7	240
2	1.6	150
3	1.2	270
4	2.9	220
5	2.3	360
6	2.2	470
7	3.7	340
8	3.0	570
9	3.4	370
10	4.8	550
11	4.7	760
12	4.9	370
13	5.8	490
14	5.2	580
15	5.9	830

問 4.1　黒ビールとアルコールが消えるまでの時間の散布図を描いてください．

問 4.2　黒ビールとアルコールが消えるまでの時間の相関係数を計算してください．

問 4.3　黒ビールの本数を独立変数，アルコールが消えるまでの時間を従属変数として，回帰直線を求めてください．

問 4.4　黒ビールの本数を独立変数，アルコールが消えるまでの時間を従属変数として，回帰直線のグラフを描いてください．

問 4.5　黒ビールを 5 本飲んだときのアルコールが消えるまでの時間を予測してください．

問題 5　母平均の区間推定にチャレンジ！

次のデータは，自家用車の性能について調査した結果です．

自家用車の燃費と排気量

No.	燃費	排気量
1	27.2	135
2	26.6	151
3	25.8	156
4	23.5	173
5	30.0	135
6	39.1	79
7	39.0	86
8	35.1	81
9	32.3	97
10	37.0	85
11	37.7	89
12	34.1	91
13	34.7	105
14	34.4	98
15	29.9	98
16	33.0	105
17	33.7	107
18	32.4	108
19	32.9	119
20	31.6	120

問 5.1　燃費の母平均を信頼係数 95％で区間推定をしてください．

問 5.2　排気量の母平均を信頼係数 95％で区間推定をしてください．

燃費？

排気量？

電気自動車に乗り換える？
それとも自転車？

問題 6 2つの母平均の差の検定にチャレンジ！

次のデータは，ある会社のサッカー部と野球部員の腹囲と中性脂肪を測定した結果です.

この2つのグループ間に差があるでしょうか.

腹囲と中性脂肪の測定結果

サッカー部

被験者 No.	腹囲	中性脂肪
1	84.6	137
2	85.1	143
3	76.7	74
4	72.7	85
5	82.4	148
6	95.9	153
7	83.1	104
8	77.3	97
9	92.0	135
10	85.6	138
11	74.8	76
12	77.8	85
13	93.5	147
14	85.8	102
15	97.1	163

野球部

被験者 No.	腹囲	中性脂肪
1	92.1	165
2	89.6	140
3	94.9	125
4	92.8	150
5	78.1	72
6	86.5	168
7	76.4	92
8	87.1	147
9	96.6	172
10	89.7	126
11	92.1	165
12	82.5	119
13	91.4	173
14	93.1	164
15	89.7	195

問 6.1 腹囲について，2つの母平均の差の検定をしてください.

問 6.2 中性脂肪について，2つの母平均の差の検定をしてください.

問題 7　独立性の検定にチャレンジ！

次のデータは，母親の喫煙が乳幼児に及ぼす影響について調査した結果です．

母親の喫煙と乳幼児の体重

		低出生体重	
		あり	なし
母親の喫煙	あり	10人	40人
	なし	5 人	145人

問 7.1　独立性の検定をしてください．

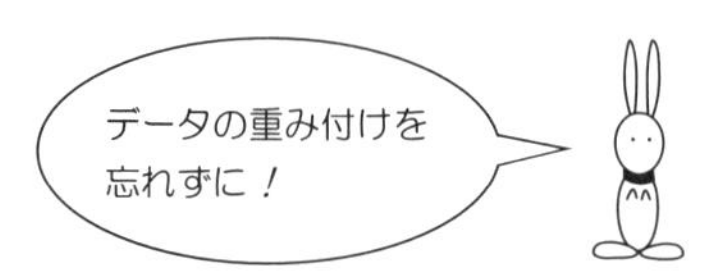

カイ 2 乗検定

	値	自由度	漸近有意確率 (両側)
Pearson のカイ 2 乗			
尤度比			
有効なケースの数			

赤ちゃんのために
禁煙しましょう

禁酒もねっ！

お酒は楽しくほどほどに…

問題 8　2つの母比率の差の検定にチャレンジ！

テレビのあるドラマに対する視聴率を調査したところ，
次のような結果を得ました．

あるドラマの視聴率

関東の視聴者のグループ

ドラマを見ている	ドラマを見ていない
469 人	731 人

関西の視聴者のグループ

ドラマを見ている	ドラマを見ていない
308 人	592 人

問 8.1　関東と関西で，テレビのあるドラマを見ている人の
標本比率をそれぞれ求めて下さい．

問 8.2　関東と関西で，テレビのあるドラマを見ている人の比率が同じかどうか，
2つの母比率の差の検定をしてください．

付録　Excel のデータを SPSS に取り込もう！

Excel を使ってデータを入力することは，よくあることです．

SPSS は，この Excel のデータを，カンタンに取り込むことができます．

その手順は，たとえば…

データが，次のように Excel ファイルに入力されているとします．

	A	B	C	D	E
1	平均寿命	医療費	タンパク		
2	65.7	3.27	69.7		
3	67.8	3.06	69.7		
4	70.3	4.22	71.3		
5	72	4.1	77.6		
6	74.3	5.26	81		
7	76.2	6.18	78.7		
8					

Step 0　まず，このファイルに「Excel から SPSS へ」という名前を付けて，デスクトップに保存しておきます．

Excel ファイルは閉じましたか？

そして……

Step 1 SPSS を立ち上げます．メニュー左端の ファイル(F) をクリックすると，

次のようなメニューが現れるので， 開く(O) を選んで，

右のサブメニューから， データ(D) をクリックします．

Step 2 ファイルの場所(I) で，ファイルのあるデスクトップを選択します．

ファイルの場所(T) の▼をクリックすると，

いろいろなファイル形式の拡張子が現れるので，ここではもちろん，

Excel（*.xls，*.xlsx，*.xlsm）を選択して……

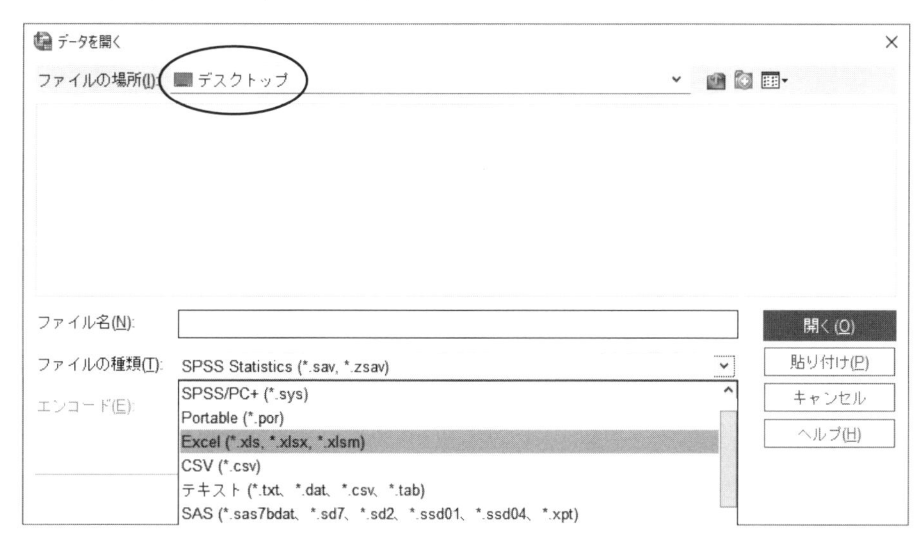

Step 3　すると，次のように，取り込みたい Excel ファイルが現れるので，

窓の中の Excel から SPSS へ .xlsx を選び， 開く(O) をクリックします．

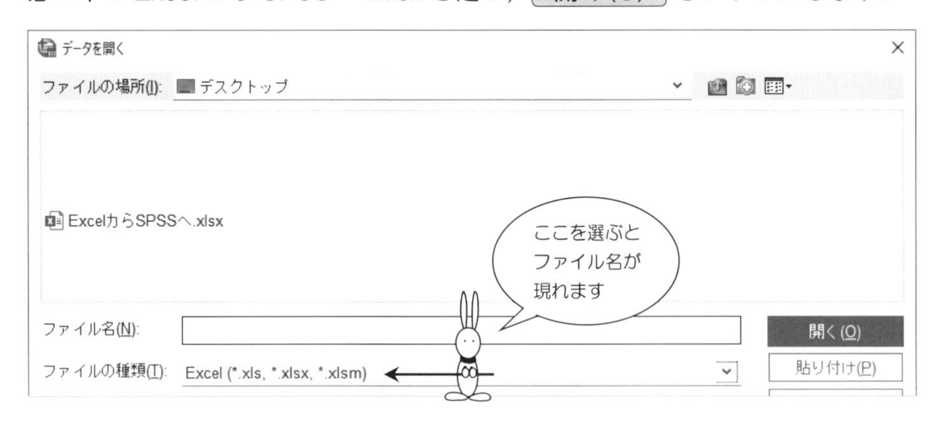

Step 4　右の画面が現れたら，

データの最初の行から

変数名を読み込む(V)

をチェックして，最後に，

OK をクリックすると……

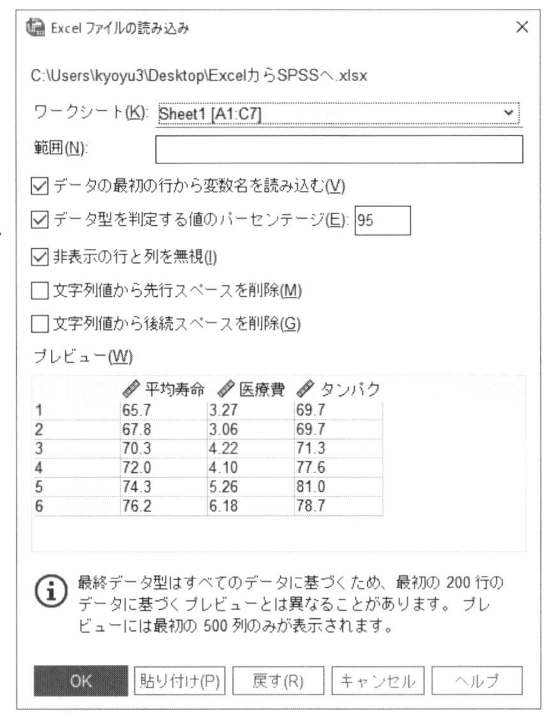

	平均寿命	医療費	タンパク
1	65.7	3.27	69.7
2	67.8	3.06	69.7
3	70.3	4.22	71.3
4	72.0	4.10	77.6
5	74.3	5.26	81.0
6	76.2	6.18	78.7

Step 5 次のように，SPSS に変数名とデータを取り込むことができます．

あとは，適当な名前をつけて保存しておきましょう．

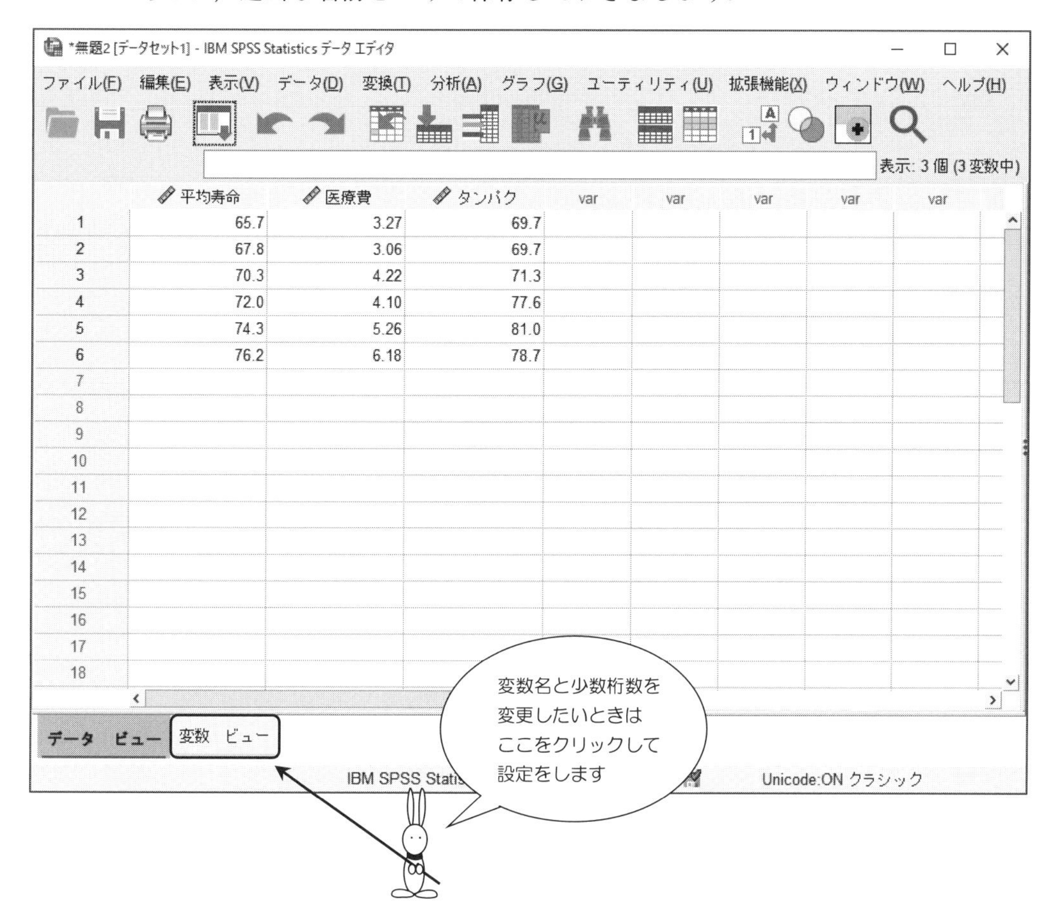

	平均寿命	医療費	タンパク
1	65.7	3.27	69.7
2	67.8	3.06	69.7
3	70.3	4.22	71.3
4	72.0	4.10	77.6
5	74.3	5.26	81.0
6	76.2	6.18	78.7

参 考 文 献

[1]『The OXFORD DICTIONARY OF STATISTICAL TERMS』edited by Yadolah Dodge, Oxford University Press Inc. (2006)

[2]『Kendall's Advanced Theory of Statistics: Volume 1, Volume 2A, Volume2B, Volume 3』Oxford University Press Inc. (2003)

[3]『改訂版 すぐわかる多変量解析』(石村貞夫著，2020)

[4]『改訂版 すぐわかる統計解析』(石村貞夫著，2019)

[5]『すぐわかる統計処理の選び方』(石村貞夫他著，2010)

[6]『すぐわかる統計用語の基礎知識』(石村貞夫他著，2016)

[7]『入門はじめての統計解析』(石村貞夫著，2006)

[8]『入門はじめての多変量解析』(石村貞夫他著，2007)

[9]『入門はじめての分散分析と多重比較』(石村貞夫他著，2008)

[10]『入門はじめての統計的推定と最尤法』(石村貞夫他著，2010)

[11]『入門はじめての時系列分析』(石村貞夫他著，2012)

[12]『数学をつかう意味がわかる統計学のキホン』(石村友二郎著，石村貞夫監修，2021)

[13]『SPSS でやさしく学ぶ多変量解析（第 5 版)』(石村貞夫他著，2015)

[14]『SPSS によるアンケート調査のための統計処理』(石村光資郎著，石村貞夫監修，2018)

[15]『SPSS による統計処理の手順（第 9 版)』(石村貞夫他著，2021)

[16]『SPSS による分散分析･混合モデル･多重比較の手順』(石村光資郎著，石村貞夫監修，2021)

[17]『SPSS による多変量データ解析の手順（第 6 版)』(石村貞夫他著，2021)

[18]『SPSS による医学・歯学・薬学のための統計解析（第 4 版)』(石村貞夫他著，2016)

以上　東京図書刊

索引

サ 行

タ 行

ナ　行

ハ　行

マ，ヤ 行

ラ，ワ 行

著者紹介

石村友二郎（いしむらゆうじろう）　2014年　早稲田大学大学院基幹理工学研究科数学応用数理学科博士課程単位取得退学
現　在　文京学院大学　教学IRセンター特任助教
戦略企画・IR推進室職員

監修

石村貞夫（いしむらさだお）　1977年　早稲田大学大学院理工学研究科数学専攻修了
現　在　石村統計コンサルタント代表
理学博士・統計アナリスト

SPSS（エスピーエスエス）でやさしく学（まな）ぶ統計解析（とうけいかいせき）［第7版］

1999年 2月25日　第1版第1刷発行　Printed in Japan
2002年12月25日　第2版第1刷発行
2007年 6月25日　第3版第1刷発行
2010年 7月10日　第4版第1刷発行
2013年 7月25日　第5版第1刷発行
2017年12月25日　第6版第1刷発行
2021年12月25日　第7版第1刷発行
2024年 5月25日　第7版第2刷発行

著　者　石 村 友 二 郎
監　修　石 村 貞 夫
発行所　東京図書株式会社

〒102-0072　東京都千代田区飯田橋 3-11-19
振替　00140-4-13803　電話　03(3288)9461
http://www.tokyo-tosho.co.jp/

ISBN 978-4-489-02375-0